Inhalt

Vorbemerkung des Herausgebers 7

Eine Reise um die Welt 9

Die Gesetze des Lebens 18
Geschichte einer Idee 18
Eine Kette von Indizien 24
Evolution life 29
Von der Rasse zur Art 37
Sex schafft Abwechslung 46
Lotterie mit Spielregeln 54
Vom Saurier zum Vogel 65
Die Vielfalt des Lebens 76
Gegner und Partner 85

Der dritte Schimpanse 99

Anhang
Glossar 126
Weitere Literatur 134
Register 137

In Erinnerung an meinen
Lehrer Jürgen Jacobs

M.O.

Von Nautilus und Sapiens

Einführung in die Evolutionstheorie

Von
Monika Offenberger

Mit Schwarzweißabbildungen von
Nadine Schnyder

Deutscher Taschenbuch Verlag

Ein Überblick über die gesamte Reihe findet sich am Ende des Bandes

Originalausgabe
April 1999
© Deutscher Taschenbuch Verlag GmbH & Co. KG, München
Umschlagkonzept: Balk & Brumshagen
Umschlagfoto: © Hackenberg/ZEFA
Redaktion und Satz: Lektyre Verlagsbüro
Olaf Benzinger, Germering
Druck und Bindung: C. H. Beck'sche Buchdruckerei, Nördlingen
Gedruckt auf säurefreiem, chlorfrei gebleichtem Papier
Printed in Germany · ISBN 3-423-33039-2

Vorbemerkung des Herausgebers

Die Anzahl aller naturwissenschaftlichen und technischen Veröffentlichungen allein der Jahre 1996 und 1997 hat die Summe der entsprechenden Schriften sämtlicher Gelehrter der Welt vom Anfang schriftlicher Übertragung bis zum Zweiten Weltkrieg übertroffen. Diese gewaltige Menge an Wissen schüchtert nicht nur den Laien ein, auch der Experte verliert selbst in seiner eigenen Disziplin den Überblick. Wie kann vor diesem Hintergrund noch entschieden werden, welches Wissen sinnvoll ist, wie es weitergegeben werden soll und welche Konsequenzen es für uns alle hat? Denn gerade die Naturwissenschaften sprechen Lebensbereiche an, die uns — wenn wir es auch nicht immer merken — tagtäglich betreffen.

Die Reihe ›Naturwissenschaftliche Einführungen im dtv‹ hat es sich zum Ziel gesetzt, als Wegweiser durch die wichtigsten Fachrichtungen der naturwissenschaftlichen und technischen Forschung zu leiten. Im Mittelpunkt der allgemeinverständlichen Darstellung stehen die grundlegenden und entscheidenden Kenntnisse und Theorien, auf Detailwissen wird bewußt und konsequent verzichtet.

Als Autorinnen und Autoren zeichnen hervorragende Wissenschaftspublizisten verantwortlich, deren Tagesgeschäft die populäre Vermittlung komplizierter Inhalte ist. Ich danke jeder und jedem einzelnen von ihnen für die von allen gezeigte bereitwillige und konstruktive Mitarbeit an diesem Projekt.

Die Evolutionstheorie gehört zu den tragenden und unumstrittenen Säulen unseres modernen, naturwissenschaftlichen Weltbildes. Doch es war ein harter Kampf, bis dieses Konzept sich durchsetzen konnte, nahm es doch einen göttlichen Schöpfer aus der zentralen Rolle bei der Entstehung der vielfältigen Lebensformen heraus und ersetzte ihn durch naturbedingte Kriterien wie »das Überleben des Fittesten«. Monika Offenberger schildert, wie sich – ausgehend von der berühmten Fahrt Darwins auf der ›Beagle‹ – Schritt für Schritt die Erkenntnis festigen konnte, daß Vorteile bei der Fortpflanzung oder Partnerschafts- und Gegnerschaftsstrategien die Vielfalt des Lebens erst ermöglicht haben. Und selbstverständlich zeigt solch neues Wissen auch die Rolle des Homo sapiens in einem neuen Licht: nicht mehr als göttliches Ebenbild die Krone der Schöpfung, sondern als Primat mit erstaunlicher genetischer und biologischer Nähe zu unseren nächsten Verwandten, den Schimpansen.

Olaf Benzinger

Eine Reise um die Welt

Charles Darwin war überwältigt. Palmen und Affenbrotbäume ragten in den Himmel, Wildkatzen jagten im Unterholz, Eisvögel schossen wie grellbunte Pfeile vorüber. Das kleine Paradies hieß São Tiago und ragte mit den anderen Kapverdischen Inseln 300 Meilen vor der Westküste Afrikas aus dem Atlantik empor, umgeben von einem Riff voller zauberhafter tropischer Korallen. Das kleine Eiland war der erste Anlegeplatz des Segelschiffes, mit dem Darwin knapp zwei Wochen zuvor, am 27. Dezember 1831, seine englische Heimat verlassen hatte. ›Beagle‹ hieß der königliche Dreimaster, benannt nach den kleinen Spürhunden, mit denen man in England auf die Jagd geht. Das Schiff sollte im Auftrag der britischen Admiralität die Küste Südamerikas vermessen, um der Kolonialmacht neue Märkte zu erschließen.

Der Kapitän der ›Beagle‹, Robert FitzRoy, hatte einen standesgemäßen Begleiter gesucht, der ihm auf See Gesellschaft leisten würde. Verschiedene Männer hatten sich die Sache überlegt, das Angebot aber schließlich doch ausgeschlagen; immerhin sollte die Reise drei Jahre dauern, vielleicht auch länger. Man mußte sich auf engstem Raum bei kargem Essen mit dem Kapitän und seiner Mannschaft arrangieren. Zudem war der Posten unbezahlt – im Gegenteil: Das Abenteuer würde einiges kosten. Dafür konnte man sich die Welt ansehen und frei von äußeren Zwängen seinen eigenen Interessen nachgehen.

Für Darwin kam diese Gelegenheit gerade zur rechten Zeit. Eben erst hatte der 22jährige Theologiestudent in Cambridge seine Abschlußprüfung bestanden, doch die Kirche konnte warten: Ein Leben als Landpfarrer reizte den Sohn wohlhabender Eltern nicht übermäßig. Er hatte den Beruf mehr seinem Vater zuliebe als aus freien Stücken gewählt, nachdem er bereits ein Medizinstudium abgebrochen hatte. Seine wahre Leidenschaft galt der Natur, und so hatte er mehr Zeit mit dem Sammeln von Käfern als mit der christlichen Lehre zugebracht. FitzRoys Angebot kam dem ungebundenen jungen Naturfreund wie gerufen.

Hätte der junge Darwin gewußt, was ihn erwartete, so wäre er wahrscheinlich zu Hause geblieben. Seine Kabine maß weniger als zehn Quadratmeter und war so niedrig, daß er nicht aufrecht darin stehen konnte. Er mußte seine persönliche Habe auf das Notwendigste beschränken, doch bestimmte Utensilien konnte er keinesfalls entbehren: Mikroskop und Kompaß, Geologenhammer und Barometer, Bücher und Sammelfläschchen mit Konservierungsflüssigkeit mußten unbedingt mit. Tagsüber teilte er sein Quartier mit zwei anderen Männern und nachts lag er in einer Hängematte quer über dem Kartentisch. Das Schlimmste aber war: Er wurde seekrank – und blieb es bis zum Ende der Reise, die im ganzen fünf Jahre dauern sollte. Doch was er in dieser Zeit zu sehen bekam, entschädigte ihn für die oft wochenlange Übelkeit, die ihn an Bord der ›Beagle‹ quälte.

Die Tiere und Pflanzen auf São Tiago waren nur der Anfang, Darwin hatte auch für geologische Phänomene ein Auge. So fiel ihm ein weißer Streifen aus zusammengepreßten Muschelschalen und Korallen auf, der sich entlang der Inselküste hinzog, etwa zehn Meter über dem Meeresspiegel. Wie war das Muschelband in diese Höhe gelangt? Nach der gültigen Lehrmeinung war die Erdoberfläche mit ihren Ebenen, Gebirgen und Inseln durch gewaltsame Gesteinsverschiebungen entstanden. Demnach sollte sich São Tiago in einem Ruck über den Meeresspiegel erhoben haben. Darwin leuchtete diese »Katastrophentheorie« nicht so recht ein. Der Muschelstreifen war doch nirgendwo zerrissen und zeigte auch sonst keine Spuren von Gewalt. Dagegen variierte sein Abstand vom Meeresspiegel – die tiefer liegenden Stellen mußten also zu späterer Zeit abgesackt sein.

Das alles paßte viel besser zu einer neuen Theorie, die eben erst von dem jungen schottischen Geologen Charles Lyell vorgestellt worden war. In einem erst wenige Monate zuvor erschienenen Buch hatte Lyell seine ›Grundsätze der Geologie‹ dargelegt: Seiner Ansicht nach wurde die Welt durch Vulkane, Erdbewegungen und Klimaeinflüsse langsam und fortwährend verändert – und zwar gleichermaßen gestern wie heute und morgen. Das Werk wurde in Forscherkreisen heftig diskutiert, und auch Darwin hatte es sich als Reiselektüre mitgenommen. Das Muschelband von São Tiago schien Lyells Überlegungen zu bestätigen, und so begann Darwin, an einen langsamen, allmählichen Wandel der Erde zu glauben.

Nach vier Wochen Landgang stach man wieder in See. Die ›Beagle‹ überquerte den Äquator und nahm Kurs auf ihr eigentliches Ziel, die Küste Südamerikas Am letzten Februartag erreichte sie Brasilien. Darwin war benommen von »der Eleganz der Gräser, der Neuheit der Schmarotzerpflanzen, der Schönheit der Blumen«, die die Vegetation der Kapverdischen Inseln in ihrer Vielfalt weit übertraf. Auf jeder Etappe boten sich zudem neue zoologische Höhepunkte: Tintenfische, die blitzschnell ihre Farbe verändern konnten, blutsaugende Vampirfledermäuse, Affen, Raubameisen, Kolibris und Papageien. Schließlich fand Darwin seine ersten versteinerten Überreste von Säugetieren, die einem riesenhaften Verwandten des heute lebenden Faultiers gehört haben mußten, dazu Fossilien gigantischer Gürteltiere und Nager. Sorgfältig verpackte der stolze Finder seine Schätze und versandte sie nach Cambridge, wo sie von Experten bestimmt werden sollten.

Über all den Entdeckungen war es Herbst geworden. Die ›Beagle‹ hatte Rio de Janeiro verlassen und war in Montevideo eingelaufen. Dort wartete Post auf Darwin, darunter der zweite Band von Lyells ›Grundsätze der Geologie‹. In dieser Arbeit befaßte sich der Autor mit der Frage, ob Tiere und Pflanzen ebenfalls dazu in der Lage seien, sich allmählich zu verändern – gerade so, wie er es von den Landschaften der Erde annahm. Wäre es denkbar, daß sich eine Art langsam und stetig in eine andere umformen könnte, um so den Anforderungen einer sich wandelnden Welt gerecht zu werden? Allein der Gedanke war eine Provokation, denn Lyells Zeitgenossen waren davon überzeugt, daß jedes Lebewesen von Gott gerade so erschaffen worden war, wie wir ihm heute begegnen. Auch Lyell glaubte nicht an eine ständige Umformung oder Wandlung der Lebewesen. Statt dessen war der sonst so revolutionäre Denker davon überzeugt, daß die Arten sich in veränderten Landschaften nicht mehr zurechtfanden – und gerade deshalb aussterben mußten. Abgelöst wurden sie von neuen Arten; wie diese allerdings entstanden sein sollten, dafür hatte der Geologe keine Erklärung parat.

Die Frage bot Stoff zum Nachdenken, während das königliche Schiff auf die Falkland-Inseln zusteuerte. Captain Fitz-Roy genoß die Gespräche mit dem ernsten Naturforscher und nannte ihn neckisch den »Philosophen«. Allerdings hatte der junge Charles auch handfeste Arbeiten zu verrichten: Auf Patagonien schoß er so viele Vögel, daß er kaum mit dem Präparieren der Bälge nachkam. Zudem mußten unzählige Kadaver von Säugern und Echsen gehäutet, Fische in Alkohol eingelegt, Insekten verstaut und beschriftet werden – ein anstrengender und nicht immer erbaulicher Zeitvertreib.

Am meisten gefiel es ihm, versteinerte Tiere aufzuspüren und freizuklopfen. An einem felsigen Küstenstrich stieß er erneut auf die Überreste eines ausgestorbenen Riesenfaultiers, dessen Skelett nahezu vollständig erhalten war. Auch im Landesinneren fand er fossile Riesenfaultiere, manche von ihnen waren von denselben Sedimentschichten eingeschlossen wie

die Knochen neuzeitlicher Säugetiere. Während die Riesenfaultiere allesamt ausgestorben waren, existierten etliche andere Arten noch immer. Folglich konnte es nicht – wie viele
Naturforscher annahmen – eine Katastrophe gegeben haben,
die alles Leben auf einen Schlag vernichtet hatte. Einige Tierarten waren mit den Lebensbedingungen der Vorzeit offenbar
besser zurechtgekommen als andere. Welche Kraft, so grübelte Darwin, mochte über die Lebensspanne der einzelnen
Arten entscheiden?

Inzwischen schrieb man das Jahr 1835, und Captain Fitz-
Roy hatte seine Mission erfüllt. Darwins Gedanken drehten
sich um geologische Fragen und deren Bedeutung für die Lebewesen, als die ›Beagle‹ Anfang September von Lima aus
den weiten Heimweg über den Pazifischen Ozean antrat. Eine Woche nachdem das Schiff Südamerika verlassen hatte,
kamen die Galápagos-Inseln in Sicht, und die Besatzung ging
an Land. Doch was für ein Land war das! Robert FitzRoy war
entsetzt über die trostlos aussehenden Haufen zerborstener
Lava, auf der man sich die Füße verbrannte. Die Luft war
schwül und es stank nach Schwefel. Ähnlich unwirtlich wirk-
ten sämtliche der etwa zwei Dutzend Inseln, die während der
letzten fünf Millionen Jahre als Auswurf explodierender Vulkane wie gigantische Nadeln den Meeresspiegel durchbohrt
hatten und seither wie kleine fremde Welten aus dem Wasser
ragten.

So merkwürdig wie die Inseln selbst war auch ihre Flora
und Fauna. An den Küsten tauchten bizarre Leguane nach
Seetang, im Landesinneren scharten sich riesengroße Schildkröten an Kraterhängen um die raren Wassertümpel. Gefan-
gene einer auf Galápagos stationierten Strafkolonie erzählten,
jede Insel habe ihre eigene Schildkrötenrasse, die sich leicht an
der Form ihres Rückens erkennen ließe. Doch Darwin nahm
ihre Reden nicht ernst. Er machte sich einen Jux daraus, auf
den Riesen zu reiten und interessierte sich weniger für ihre

Panzer als für ihr wohlschmeckendes Fleisch. Dennoch fiel ihm ein ähnliches Phänomen auf wie den Strafgefangenen: Er hatte auf vier verschiedenen Inseln Spottdrosseln gefangen, und überall waren Gestalt und Federfärbung der Vögel ein wenig anders. Daher schoß er mehrere Exemplare dieser Singvögel und notierte genau, von welcher Insel jedes stammte. Außer Drosseln fing er zahlreiche Finken, die in Schwärmen auf dem Boden nach Futter suchten. Sie hatten äußerst unterschiedlich geformte Schnäbel und schienen mehreren Arten anzugehören. Zwar fand Darwin die Finken irgendwie merkwürdig, doch nahm er sie nicht besonders wichtig.

Nach fünfwöchigem Aufenthalt auf dem Galápagos-Archipel gab Captain FitzRoy das Signal zum Aufbruch. Zu diesem Zeitpunkt ahnte Darwin noch nicht, welchen Einfluß die Inseln, die er später den Ursprung all seiner Auffassungen nannte, auf sein Denken haben würden. Als die ›Beagle‹ ein Jahr später, am 2. Oktober 1836, das heimatliche England anlief, hatte der Weitgereiste mehr ungelöste Fragen im Kopf als bei seiner Abfahrt fünf Jahre zuvor. Doch zuerst galt es, die Mitbringsel zu ordnen: Seine Sammlung umfaßte nicht weniger als 3907 Häute und Felle, Knochen und andere getrocknete Teile von Tieren, dazu die in Spiritus eingelegten Kadaver von 1529 Tierarten, davon etliche unbekannte. Darwin selbst hatte nicht genügend Fachkenntnisse, um seine Funde wissenschaftlich zu beschreiben, daher gab er sie verschiedenen Spezialisten zur Begutachtung und systematischen Bestimmung.

In Fachkreisen hatte sich bereits herumgesprochen, daß der junge Weltreisende mit einer großen Ausbeute an exotischen Geschöpfen heimgekehrt war. Am meisten Aufsehen erregten die Fossilien. Der Zoologe Richard Owen, eine Kapazität auf dem Gebiet der Anatomie, hatte in den Versteinerungen riesenhafte Lamas, Wasserschweine, Faultiere und Gürteltiere erkannt. Sämtliche dieser ausgestorbenen Kolosse waren auf keinem anderen Kontinent gefunden worden – gerade so, wie sich ihre heute lebenden »Miniaturausgaben« auf Südamerika beschränkten. Darwin hatte dagegen gedacht, er habe auch europäische und afrikanische Arten entdeckt, nicht ausschließlich südamerikanische. Erstaunt grübelte er darüber nach, warum die gegenwärtigen und die früheren Lebensformen eines Landstrichs sich so ähnlich sahen. Immer ernsthafter erwog er die Möglichkeit, sie könnten voneinander abstammen.

Auch einige der eher unscheinbaren Funde entpuppten sich als spektakulär. Darwin hatte seine Vogelpräparate im Januar 1837 dem berühmten Ornithologen und Tierpräparator John Gould vom Zoologischen Museum in London überlassen. Die Finken der Galápagos-Inseln – darunter einige von Darwin als Kernbeißer, Zaunkönige oder Drosseln verkannte Exemplare – ordnete Gould einer völlig neuen Gruppe zu. Sie bestand aus insgesamt zwölf nahe verwandten Arten, die ausschließlich auf dem unwirtlichen Archipel, nicht aber auf dem Festland vorkamen. Auch bei den Spottdrosseln, die von drei verschiedenen Inseln stammten, handelte es sich um drei eigenständige, wenn auch sehr ähnliche Arten, die alle einer bestimmten südamerikanischen Spottdrossel-Art gleichsahen. Goulds Ergebnisse brachten Darwin auf eine folgenreiche Idee: Könnte es nicht sein, daß diese drei Spottdrossel-Arten von einer gemeinsamen Elternart abstammten und sich auf verschiedenen Inseln zu verschiedenen Arten entwickelt hatten? Und könnten nicht ebensogut alle Spottdrosseln der Welt, ja sogar alle Organismen einen gemeinsamen Vorfahren haben?

Seit diesem Frühjahr 1837 glaubte Darwin fest daran, daß neue Arten allmählich aus einer gemeinsamen Vorform entstehen. Aber es vergingen noch anderthalb Jahre, ehe er erkannte, welcher Mechanismus diesem Prozeß zugrunde liegt. Das geschah am 28. September 1838, als er zufällig einen

Aufsatz des britischen Ökonomen Thomas Robert Malthus über die menschliche Bevölkerung las. Darin behauptete Malthus, ein ungezügeltes Wachstum der Menschheit führe zwangsläufig zu Hungersnöten. Darwin malte sich aus, wie die vielen Menschen sich wegen der weniger werdenden Nahrung bekriegten. Dieser Kampf ums Überleben, das wußte er als guter Naturbeobachter, fand auch unter Tieren und Pflanzen statt. Da kam ihm plötzlich der Gedanke, »daß unter diesen Umständen vorteilhafte Variationen dazu tendieren würden, erhalten zu bleiben, und unvorteilhafte dazu, zerstört zu werden«. Wie stark die Individuen einer Art in ihren Merkmalen variieren konnten, führten ihm die zahlreichen Hunderassen, Taubenzüchtungen und Rosensorten vor Augen. Es sind die kleinen Unterschiede, die es dem Züchter erlauben, Varianten mit bestimmten Eigenschaften zu erzeugen: rote und gelbe Tulpen, feste und mehlige Kartoffeln, Fleisch- und Milchkühe. Könnte es nicht sein, daß auch die Natur selbst sich wie ein Züchter benahm, und unter den Lebewesen solche auswählte, die sich in bestimmten Eigenschaften geringfügig von ihresgleichen unterschieden?

Diese Überlegungen fügten sich in Darwins Kopf wie Puzzleteile zu einem Bild, das die Herkunft der Vielfalt allen Lebens enthüllte. Die Konturen waren schon deutlich sichtbar, doch Darwin zögerte, seine Ideen öffentlich zu vertreten – aus Angst, er könnte feindselige Reaktionen ernten. Denn sein Naturverständnis widersprach dem christlichen Dogma: Die Kirchenväter lehrten, daß Tier- und Pflanzenarten von Gott erschaffen worden waren und sich nicht aus sich heraus veränderten. Darwin aber konnte nicht akzeptieren, daß Gott Abertausende Arten mit all ihren Details und Eigenheiten auf die Welt gebracht hatte – es mußte ein natürlicher Mechanismus dahinterstecken. Auch die Fossilienfunde konnte die Bibel nicht überzeugend erklären. Wäre die Welt vollkommen – wie es die christliche Lehre besagte – dann hätte es nicht dazu kommen dürfen, daß so viele Arten früherer Epochen ausgestorben waren.

Seit seiner Rückkehr von der Weltumsegelung waren mehr als zwanzig Jahre vergangen, ohne daß Darwin seine Theorie von der Wandelbarkeit der Arten veröffentlicht hatte. Da traf im Juni 1858 das Manuskript eines gewissen Alfred Russel Wallace ein. Der junge Naturforscher hatte unabhängig von Darwin das Prinzip der natürlichen Selektion erkannt. Nun war es Zeit zu handeln. Und so stellte Darwin seine Ideen, zusammen mit den Ausführungen von Wallace, am 1. Juli 1859 vor einer angesehenen Gesellschaft von Naturforschern, der Linnéan Society, vor. Entgegen der Erwartung zeigte der Vortrag keine besondere Wirkung. Im Gegenteil: Der Sitzungspräsident beklagte sich anschließend, das Jahr sei »nicht durch eine jener bahnbrechenden Entdeckungen gekennzeichnet gewesen, die unser Fachgebiet auf einen Schlag sozusagen revolutionieren«. Wie sehr er sich irren sollte! Schon ein halbes Jahr später war die Welt reif für die Sprengkraft von Darwins Evolutionstheorie: Als seine Gedanken im Januar 1860 unter dem Titel ›Über die Entstehung der Arten durch natürliche Zuchtwahl oder die Erhaltung der begünstigten Rassen im Kampfe ums Dasein‹ gedruckt wurde, war dessen erste Auflage von 1250 Exemplaren bereits am Tag des Erscheinens ausverkauft. Das Werk erregte die Gemüter und setzte eine Kontroverse in Gang, die bis heute noch nicht beendet ist.

Die Gesetze des Lebens

Geschichte einer Idee

Wie entstanden die Tiere und Pflanzen in ihrer unglaublichen Formenvielfalt? Und woher stammen wir Menschen? Die Frage nach dem Ursprung alles Lebendigen stellte sich nicht erst Charles Darwin. Seit Urzeiten beschäftigen sich Menschen mit dem Sein und Werden der Welt und haben sich in Mythen und Legenden so manche phantastische Erklärung zurechtgelegt. Der Grundgedanke der Evolutionstheorie – die Vorstellung, daß Tierarten sich verändern und auseinander hervorgehen –, läßt sich bis zu den Philosophen Kleinasiens zurückverfolgen. Im 6. Jahrhundert vor unserer Zeitrechnung suchte Anaximander von Milet nach natürlichen Ursachen für die Phänomene der belebten Welt. Er dachte, die ersten Lebewesen seien aus dem Feuchten gekommen, hätten dann stachelige Häute gebildet, die später abfielen, und seien aufs trockene Land gewandert. Ebenso sei der Mensch aus dem Wasser gekommen, wo er aus Fischen entstanden sei. Anaximanders Vorstellungen konnten sich nicht durchsetzen. Großen Einfluß auf das Denken der westlichen Welt hatte dagegen der zwei Jahrhunderte nach Anaximander wirkende Platon mit seiner Lehre, jedes Ding und alle Kreatur sei perfekt und unveränderlich. Platons Schüler Aristoteles erkannte, daß die Lebewesen von relativ einfachen bis hin zu sehr komplizierten Formen reichen. Deshalb ordnete er sie gemäß ihrer Komplexität auf einer Art Stufenleiter der Natur an. Allerdings gab es auf dieser Leiter keine Bewegung: Jede Form blieb auf der ihr zugewiesenen Stufe stehen, um dort reglos zu verharren.

2000 Jahre lang hielten die Denker der westlichen Welt an diesem starren Naturverständnis fest, das auch der jüdisch-christlichen Vorstellung vom Schöpfungsbericht entsprach. Im 17. Jahrhundert nahm der niederländische Naturforscher Jan Swammerdam die Idee einer gemeinsamen Abstammung aller Tiere vorweg, indem er die Frage aufwarf, ob man nicht »in gewisser Weise annehmen könne, Gott habe nur ein einziges Tier geschaffen, das sich in eine unendliche Anzahl von Sorten und Arten aufgegliedert hat«. Dennoch standen auch im 18. Jahrhundert aufgeschlossene Denker wie der französische Geologe und Diplomat Benoît de Maillet – er glaubte, daß alles Leben sich aus Keimen im Meer entwickelt habe – mit ihrer Auffassung alleine da: Weil Maillet die Auswirkungen seiner atheistischen Thesen fürchtete, wartete er zwei Jahrzehnte, bevor er sie 1735 – anonym – veröffentlichte. Wenig später griff der Schweizer Naturforscher Charles Bonnet die uralte Idee der Stufenleiter auf und ordnete lebende und tote Dinge lückenlos in eine Reihe ein. Allerdings vermutete er, »daß die Leiter der Natur nicht einfach ist, sondern nach der einen und anderen Seite Hauptzweige aussendet, die ihrerseits wieder Nebenzweige hätten«. So gebrauchte Bonnet erstmals das Bild eines Stammbaumes und benutzte – ebenfalls als erster – das Wort Evolution, das aus dem Lateinischen stammt und soviel wie »entfalten«, »aufrollen« oder »öffnen« heißt.

Unterdessen brachten Naturforscher aus Indien, Süd- und Nordamerika eine Fülle neuer Tier- und Pflanzenformen nach Europa mit, die benannt und geordnet sein wollten. Unter anderen suchte auch der schwedische Arzt und Botaniker Carl von Linné nach einem System, das die Vielfalt des Lebendigen sinnvoll gliederte. Das Modell einer Stufenleiter konnte ihn allerdings nicht befriedigen. Statt dessen schuf er eine Hierarchie von Gruppen, in die er die Tiere und Pflanzen entsprechend ihrer Ähnlichkeiten und Unterschiede einteilte. Er gab

Phantastische Darstellung der Entstehung von Fischen und Vögeln, Anfang 17. Jahrhundert.

jeder Art einen zweiteiligen lateinischen Namen – etwa *Homo sapiens*, der »weise Mensch« – und bündelte zusammengehörige Arten zu einer Gattung, mehrere Gattungen zu einer Familie, diese zu Ordnungen, jene zu Klassen und letztere zu Reichen. Linnés Einteilung der Tiere und Pflanzen gemäß ihrer Verwandtschaft ist heute noch gültig, auch wenn die modernen Systematiker und Taxonomen sie beständig abändern, ergänzen und verfeinern. Mit seinem Werk bahnte Linné der Evolutionstheorie den Weg – freilich ohne dies zu wollen, denn als überzeugter Christ nahm er, ebenso wie die meisten damals lebenden Naturforscher, den Schöpfungsbericht des Alten Testaments wörtlich.

Anders als Linné selbst ahnte sein Zeitgenosse und heftiger Kritiker Georges Louis Buffon, daß hinter den Ähnlichkeiten der Lebewesen eine andere Ursache stecken könnte als das Werk des Schöpfers. In seiner ›Geschichte der Natur‹ schrieb der französische Naturforscher 1753: »Wenn man erst einmal zugibt, daß es Familien bei Pflanzen und Tieren gibt, daß der Affe aus der Familie des Menschen (das heißt ein entarteter Mensch) sei, daß der Mensch und der Affe einen gemeinsamen Ursprung gehabt haben wie das Pferd und der Esel, daß jede Familie, sowohl bei den Tieren wie bei den Pflanzen, nur einen Stammvater gehabt hat – so könnte man auch annehmen, daß alle Tiere von einem einzigen Tier hergekommen seien, das im Laufe der Zeit, durch Vervollkommnung und Entartung, alle Rassen der anderen Tiere hervorgebracht hat.« Obwohl Buffon weder das Ordnungssystem Linnés noch die Idee einer Evolution der Lebewesen akzeptierte, sprach er doch genau dieselben Gedanken vom Ursprung der Arten aus, die hundert Jahre später Charles Darwin niederschrieb.

Nicht nur die schier unübersehbare Zahl bekannter Tier- und Pflanzenarten bereitete den Naturforschern des 18. Jahrhunderts Kopfzerbrechen. Eine Reihe von Phänomenen ließen sich nicht mit dem biblischen Schöpfungsbericht vereinbaren: Wenn jede Kreatur von Gott nach einem vollkommenen Plan innerhalb einer Woche gemacht worden war — warum gab es dann so unnütze Konstruktionen wie etwa die verkümmerten Zehenknochen der Huftiere? Und warum waren Riesenfaultiere und etliche andere Arten ausgestorben, während sich von vielen lebenden Arten keine Fossilien fanden? Man diskutierte darüber, ob es etwa zahlreiche aufeinanderfolgende Schöpfungsereignisse gegeben habe. Mehr und mehr Naturforscher erwogen nun auch die Möglichkeit, das Leben habe eine Evolution durchgemacht. Doch sie kamen nicht an gegen die Macht der Kirche, die an der Unveränderlichkeit der Arten festhielt. In diesem Klima mag es so manchem Gelehrten ähnlich ergangen sein wie Georges Louis Buffon: Er schreckte vor seinen eigenen »unchristlichen« Gedanken zurück und wollte — gleichsam wider besseres Wissen — die Schlußfolgerungen aus seinen Überlegungen nicht wahrhaben.

Erst ein Schüler Buffons, der französische Naturphilosoph Jean Baptiste de Lamarck, vertrat offen und konsequent die Idee der Evolution. Er verglich gegenwärtige Arten mit Versteinerungen ausgestorbener Formen und erkannte dabei, daß sich das Aussehen der Fossilien von den älteren über die jüngeren bis hin zu den modernen Arten allmählich veränderte. Daraus schloß er, daß Tiere und Pflanzen im Laufe der Erdgeschichte nach und nach aus andersartigen Vorfahren hervorgegangen sind. 1809 — in Darwins Geburtsjahr — veröffentlichte Lamarck die erste ausführliche Theorie über die Entstehung der Arten. Er glaubte, daß aus unbelebter Materie fortwährend allereinfachste Lebewesen entstanden, die sich, von einem inneren Drang nach Vervollkommnung beseelt, schrittweise zu immer größerer Perfektion entwickelten. Von den Mechanismen der Evolution hatte Lamarck, wie wir heute wissen, völlig falsche Vorstellungen, und von den

Lamarcks Ideen

Vom Ablauf der Evolution hatte der französische Naturphilosoph Jean Baptiste de Lamarck völlig andere Vorstellungen, als sie später von Darwin entworfen und heute noch anerkannt sind. Nach Lamarcks Überzeugung ändern sich die Bedürfnisse eines jeden Organismus in dem Maße, wie seine Umwelt sich ändert. Folglich paßt er sein Verhalten den neuen Anforderungen an und benutzt einige Körperteile und Organe stärker als andere. Durch den vermehrten Gebrauch entwickeln sich diese Organe weiter, während selten gebrauchte verkümmern. Warum also haben Giraffen lange Hälse? Lamarcks Antwort: Weil sich jede von ihnen beständig abmüht, mit ihrem Maul das hochhängende Laub der Savannenbäume abzurupfen. Im Laufe ihres Lebens wüchse der Hals einer jeden Giraffe; ihre Jungen kämen bereits mit etwas längeren Hälsen zur Welt. Ebenso sollte es dem Schmied ergehen: Weil er durch die schwere Arbeit zeitlebens seine Armmuskeln trainiert und kräftigt, wäre sein Sohn bereits von Geburt an mit einem besonders großen Bizeps ausgestattet. Lamarcks Idee, daß erworbene Eigenschaften vererbt werden, erscheint uns heute lächerlich, tatsächlich widerspricht sie unserem Wissen um die Organisation des Erbguts. Und doch scheinen einige Phänomene Lamarck recht zu geben: So weiß man, daß gedüngte Flachspflanzen sich stärker verzweigen und breitere Blätter bekommen als ungedüngte. Diese Merkmale können auf die Samen übertragen werden. Genetische Studien zeigten, daß die Zellen von gedüngtem Flachs bestimmte Abschnitte ihres Erbguts vervielfältigen und diesen Zustand auch an ihre Nachkommen weitergeben. Die Bedeutung solcher Vererbungsmechanismen auf die Evolution schätzen Biologen jedoch gering ein: Der entscheidende Prozeß für evolutive Veränderung ist die natürliche Auslese.

meisten seiner Zeitgenossen wurde der hervorragende Naturforscher verunglimpft – allerdings nicht, weil er sich in einigen Annahmen irrte. Vielmehr lehnten sie seine Evolutionstheorie insgesamt ab: Sie widersprach der Schöpfungsgeschichte und schien allein deshalb verwerflich.

Schließlich entwickelten Charles Darwin und – einige Jahre später unabhängig von ihm – Alfred Russel Wallace ihre Theorie der Evolution durch natürliche Selektion. ›Über die Entstehung der Arten‹ bot so stimmige Argumente und derart überwältigende Belege, daß sich nur wenige Jahre nach der Veröffentlichung des Werks viele führende Naturforscher – darunter einige von Darwins erbitterten Gegnern – zum Evolutionsgedanken bekannten. Der Zoologe Thomas Henry Huxley mag vielen seiner Kollegen aus dem Herzen gesprochen haben, nachdem er Darwins Konzept begriffen hatte: »Wie äußerst einfältig, daran nicht gedacht zu haben.« Tatsächlich ist Darwins Grundidee einfach und einleuchtend, doch der Teufel steckt im Detail. Denn Darwins Gedankengebäude ist keine einfache Theorie, sondern ein hochkompliziertes Forschungsprogramm, das ständig abgeändert und verbessert wird. So gibt das Geheimnis des Lebens den Evolutionsbiologen auch heute noch eine Menge Rätsel auf.

Eine Kette von Indizien

Die Beispiele, die Darwin zur Veranschaulichung seiner Abstammungstheorie präsentierte, gelten auch den modernen Evolutionsbiologen als überzeugende Belege dafür, daß die Fülle der Lebensformen das Ergebnis einer steten Evolution ist. Daß die Vorfahren der heute lebenden Organismen nicht alle zum gleichen Zeitpunkt erschaffen wurden, sondern nach und nach entstanden, bezeugen ihre versteinerten Überreste:

Die ältesten bekannten Fossilien sind Bakterien, ihnen folgen in deutlichen zeitlichen Abständen die Pflanzen und Tiere. Die ersten fossilen Fische fanden sich in älteren Gesteinsschichten als die primitivsten Amphibien, diese gehen wiederum den Reptilien und jene schließlich den Säugetieren und Vögeln voraus. Fossilien liefern zudem Indizien dafür, daß verschiedene Lebensformen nicht nur nacheinander entstanden, sondern auseinander hervorgingen. Der etwa 150 Millionen Jahre alte Urvogel *Archaeopteryx lithographica* trug Federn wie ein Vogel, hatte aber – ähnlich den Reptilien – Zähne, einen langen Schwanz mit Wirbeln sowie Krallen an den vorderen Gliedmaßen. *Archaeopteryx* gilt zwar nicht als Vorfahre der Vögel, sondern stammt vermutlich von älteren Sauriern ab, aus denen auch die Vögel hervorgingen, dennoch ist er ein eindrucksvoller Beleg für den gemeinsamen Ursprung von Schuppen- und Federtieren. Paläontologen entdecken immer neue bedeutende Bindeglieder zwischen heute lebenden Formen und ihren Vorfahren. So fanden sie erst vor einigen Jahren das versteinerte Skelett eines ausgestorbenen Wals. Das Tier hatte kurze Hinterbeinknochen, mit denen es vermutlich an Land laufen konnte, wie man es von den Vorfahren der heutigen Wale annimmt.

Die gemeinsame Abstammung verschiedener Tiergruppen offenbart sich auch in Ähnlichkeiten ihres Körperbaus und in sonstigen Merkmalen. Zahlreiche Strukturen, Organe oder auch Verhaltensweisen lassen sich nur sinnvoll deuten, wenn man eine gemeinsame Entstehungsgeschichte ihrer Träger unterstellt. Anders wäre schwer zu begreifen, warum zum Beispiel so unterschiedliche Vordergliedmaßen wie Walflossen, Hundebeine und Fledermausflügel aus den gleichen Skelettelementen aufgebaut sind – gleichsam wie Variationen eines gemeinsamen anatomischen Konzepts, das durch schrittweisen Umbau passend zum Schwimmen, Laufen und Fliegen abgeändert wurde.

Bei zahlreichen Lebewesen finden sich Strukturen, die ihre ehemalige Funktion nicht mehr oder nur zum Teil erfüllen: Manche Wale und Schlangen besitzen verkümmerte Beckenknochen und Reste von Hinterbeinen, die auf ihre Verwandtschaft mit vierfüßigen Wirbeltieren hinweisen. Einige Käferarten haben Überreste von häutigen Flügeln, obwohl die darüber liegenden Deckflügel verwachsen und die Käfer flugunfähig sind. Es gibt unzählige weitere Beispiele für solche Rudimente. Sie sind stumme Zeugen der Stammesgeschichte und geben Einblick in die verwandtschaftlichen Beziehungen verschiedener Lebensformen. Neues baut auf Bestehendem auf: Dieses Gesetz der Evolution zeigt sich nicht nur in der Entstehung neuer Arten aus ihren Stammformen (Phylogenese), sondern auch in der individuellen Entwicklung (Ontogenese) von Einzelorganismen. Nahe verwandte Lebewesen durchlaufen in ihrer Ontogenese ähnliche Stadien. So sind etwa sehr frühe Embryonen von Molch und Schildkröte, Vogel, Schwein und Mensch kaum voneinander zu unterscheiden. Häufig – aber nicht in jedem Fall – machen die Embryonen einer Art ähnliche Entwicklungsstadien durch wie ihre Ahnen und rekapitulieren gleichsam die Stammesentwicklung. Dabei kann es vorkommen, daß bestimmte Organe merkwürdige Umwege durchlaufen oder daß Strukturen angelegt werden, die im Erwachsenenstadium fehlen. So bilden zum Beispiel die Bartenwale während ihrer Embryonalentwicklung Zahnanlagen aus, die aber nie durchbrechen und später wieder eingeschmolzen werden, um einem Reusenapparat aus Hornplatten des Gaumens Platz zu machen. Dieser rätselhafte Wachstumsweg läßt sich nur verstehen, wenn man sich die Vorfahren der Bartenwale mit einem Gebiß vorstellt, ähnlich dem der heutigen Delphine und anderer Zahnwale.

Alle Wirbeltiere und auch der Mensch durchlaufen ein Stadium, in dem die Anlagen für einen Kiemendarm mit Kiemenbögen gebildet werden. Während die Fische daraus einen

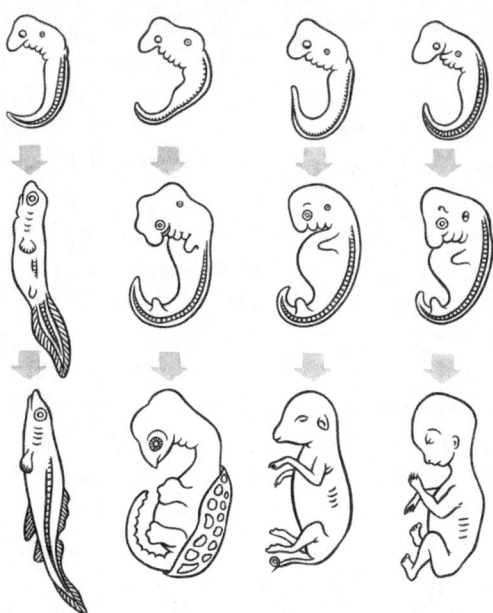

Fische, Schildkröten, Schweine und Menschen ähneln sich in ihren frühen Embryonalstadien – ein Hinweis auf ihre gemeinsame Stammesgeschichte.

Kiemenapparat entwickeln, entstehen bei den landlebenden Wirbeltieren Teile von Zungenbein, Kehlkopf und Luftröhre. Darüber hinaus offenbaren menschliche Embryonen in frühen Entwicklungsstadien ihre Verwandtschaft mit Affen: Sie spreizen ihre große Zehe anfangs ab – ähnlich wie dies Affenföten tun – und schließen sie erst später den übrigen Zehen an. Zudem bilden sie vorübergehend einen äußeren Schwanzanhang aus, dessen Wirbelanlagen später zum Steißbein verschmelzen. Es kann sogar vorkommen, daß ein Kind mit einem kleinen Schwanz, mit voll behaartem Körper oder mit Resten von Kiemenspalten geboren wird, die sich als Halsfisteln unangenehm bemerkbar machen. Solche Rückschläge zum Aussehen eines Vorfahren – Biologen sprechen von Atavismen – finden sich auch bei anderen Lebewesen: So können etwa Pferde an einer ihrer verkümmerten Zehen einen überzähligen Huf ausbilden.

Solche Beobachtungen aus der vergleichenden Anatomie und Embryologie liefern zusammen mit dem Studium versteinerter Lebensformen eine Fülle von Indizien für die Evolution der Lebewesen und ihre gemeinsame Abstammung. Und dennoch reicht die hierarchisch geordnete Ähnlichkeit der Organismen als letzter Beweis für das Wirken der Evolution nicht aus, denn die angeführten Tatsachen vertragen sich ebensogut mit der Vorstellung einer statischen Welt. Den unumstößlichen Beweis, daß das Leben zwangsläufig einer Evolution unterliegt, liefert indes eine Tatsache, die einer Binsenweisheit gleichkommt: Lebewesen, die mehr fortpflanzungsfähigen Nachwuchs hinterlassen als ihre Konkurrenten, sind in der Generation ihrer Kinder und Enkel stärker vertreten als ihre Konkurrenten. Weil sich Individuen nachweislich in ihren erblichen Fähigkeiten und ihrem Fortpflanzungserfolg unterscheiden, läuft Evolution sozusagen automatisch ab – und zwar durch den von Darwin erkannten Prozeß der Auslese oder Selektion. Daß sich Arten auch heute noch verändern können, zeigt sich am deutlichsten in der Tier- und Pflanzenzucht. Manche Zuchttaubenrassen unterscheiden sich stärker voneinander als verschiedene Vogelarten. Durch künstliche Zuchtwahl sind Dackel und Dogge entstanden, und es haben sich so unterschiedliche Gemüsesorten wie Broccoli, Kohlrabi, Rosen-, Blumen-, Weiß- und Grünkohl aus einem gemeinsamen Vorfahren, dem Wildkohl, ziehen lassen. Und dennoch sind all diese Formen nur Rassen, Sorten und Varietäten einer Art, deren Erscheinungsbild durch künstliche Zuchtwahl gezielt in grundverschiedene Richtungen gelenkt wurde. Wie aber können neue Arten entstehen? Anders als der Titel seines Werkes vermuten läßt, gelang es Darwin nicht, die Entstehung der Arten durch natürliche Zuchtwahl auch nur an einem einzigen Beispiel zu beobachten. Zwar war er fest davon überzeugt, daß sich durch den Mechanismus der natürlichen Selektion neue Arten überall bilden, hier und heute, »wo und wann immer sich die Gelegenheit dazu bietet«. Doch er vermutete, dieser Prozeß sei zu langsam, als daß man ihn verfolgen und dokumentieren könne. Wie wir heute wissen, hat sich Darwin – zur Freude seiner geistigen Nachfolger – in diesem Punkt geirrt.

Evolution life

Evolution läßt sich in der Tat beobachten – man muß nur genau genug hinsehen. Welche erstaunlichen Einsichten man dabei gewinnen kann, erlebten Peter und Rosemary Grant von der amerikanischen Princeton University. Seit mehr als 25 Jahren untersuchen sie die Lebensbedingungen der Galápagosfinken – also jener Gruppe von Vögeln, die bereits Charles Darwin entscheidende Denkanstöße für seine Evolutionstheorie gegeben hatten. Darwin war nur fünf Wochen auf den kargen Inseln gewesen und niemals dorthin zurückgekehrt. Die Grants nahmen sich mehr Zeit: Sie bereisten das Archipel erstmals 1973 – und kamen Jahr für Jahr wieder. Ihr Studiengebiet ist eine winzige Insel namens Daphne Major. Sie ist klein genug, so daß man jeden einzelnen Vogel fangen, beringen und beobachten kann, und zugleich groß genug, um Daten von genügend Tieren vergleichen zu können.

Äußerlich sehen sich die insgesamt dreizehn Finkenarten der Galápagos-Inseln recht ähnlich, allerdings unterscheiden sie sich deutlich in ihrer Lebensweise. Die Hälfte der Arten lebt auf Bäumen, wo manche von ihnen Insekten, andere dagegen ausschließlich Pflanzenteile fressen. Einige Außenseiter

Großer Grundfink, Spechtfink und Kaktusfink holen sich mit ihren je anders geformten Schnäbeln unterschiedliche Nahrung.

ernähren sich auf exotische Weise: Der Spitzschnäblige Grundfink pickt Zecken von Leguanen und saugt Blut aus den Federkielen von Seevögeln; Specht- und Mangrovenfinken nehmen Stöckchen oder Kaktusdornen zu Hilfe, um in morschem Holz nach verborgenen Insekten zu stochern. Eine Gruppe sehr nahverwandter Finkenarten sucht ihre Nahrung am Boden. Den Grundfinken – es gibt insgesamt sechs Arten, die sich in Körperbau und Gefiederfärbung zum Verwechseln ähnlich sehen – gilt das Interesse von Peter und Rosemary Grant: dem Kleinen, Mittleren, Großen und Spitzschnäbligen Grundfink *Geospiza fuliginosa*, *G. fortis*, *G. magnirostris* und *G. difficilis*, sowie dem Kaktusfink und dem Großen Kaktusfink *G. scandens* und *G. conirostris*.

Die Arbeit beginnt damit, daß die Forscher »ihre« Vögel fangen, wiegen und ihre Flügel- und Beinlänge sowie Form und Größe des Schnabels messen. Länge und Breite des Schnabels sowie seine Höhe – also die Spanne von Schnabeloberseite zu Schnabelunterseite – werden besonders penibel vermessen: mit einer Noniusschublehre, auf den Zehntelmillimeter genau. Denn es sind die Schnabelmaße, die die einzelnen Grundfinkenarten kennzeichnen. So ist etwa der Schnabel eines durchschnittlichen Großen Grundfinken auf der Insel Daphne Major 14 Millimeter breit, 15 Millimeter lang und

16 Millimeter hoch. Die Kauwerkzeuge des Kleinen Grundfinken sind im Mittel dagegen nur etwa halb so mächtig: sieben Millimeter lang, acht breit und sieben hoch. Wenn man
die Schnäbel dieser Vögel betrachtet, möchte man annehmen,
daß ihre Besitzer damit völlig unterschiedliche Nahrung zu
sich nehmen. Der Freßapparat des Großen Grundfinken erin-
nert an ein Brecheisen und man traut ihm ohne weiteres zu,
damit jede Nuß zu zermalmen. Das zerbrechlich wirkende
Gegenstück seines kleinen Verwandten stellt man sich dagegen eher beim Zerdrücken weicher Samen oder Insekten vor.
Daher staunten die Grants bei ihrem ersten Besuch 1973
nicht schlecht, daß alle Grundfinken – ungeachtet ihrer verschiedenen Schnäbel – dieselben Körner vom Boden aufpick-
ten. Ähnlich irritiert war fast 140 Jahre zuvor Charles Darwin
gewesen, denn auch er hatte verschiedene Finkenarten in einem Schwarm gemeinsam fressen sehen. Des Rätsels Lösung:
Die Grants waren – wie Darwin vor ihnen – in der Regenzeit
auf den Inseln gewesen, als es Samen in Hülle und Fülle gab.

Einige Monate später hatte sich die Natur gewandelt. Von
April bis Juli war der Regen ausgeblieben, und es gab kaum
noch Nahrung für die Vögel. Fanden sie in der Regenzeit kleine weiche Samen im Überfluß, so waren nun fast nur noch die
einst verschmähten, weil großen, harten Körner übriggeblie-
ben. Und in dieser Situation geschah genau das, was Darwin
und die Grants beim Anblick der verschieden geformten Fin-
kenschnäbel erwartet hatten: Jetzt wählten die Vögel unter
den wenigen Samen aus, und es benahm sich ein jeder, »wie
ihm der Schnabel gewachsen war«. Der Große Grundfink
konzentrierte sich nun auf große, schwere Samen, die keiner
der anderen Finken knacken konnte. Die Kaktusfinken ver-
legten sich darauf, mit ihren langen, dünnen Schnäbeln die
Samen der Feigenkakteen zu fressen. Unter dem Druck der
Nahrungsknappheit waren die Vögel zu Spezialisten geworden, und jeder suchte sich aus dem karger werdenden Ange-

bot jene Bissen heraus, an die er ein bißchen besser, schneller und müheloser als seine Mitstreiter herankommen konnte.

Tatsächlich zählt in diesem harten Wettkampf für die Vögel jede Eigenschaft, die ihnen einen noch so kleinen Vorsprung vor ihresgleichen gewährt. Ein halber Millimeter Unterschied in den Schnabelmaßen kann darüber entscheiden, wer genug zum Fressen findet, um die Trockenheit zu überleben. Denn sobald der Vorrat an kleinen weichen Samen aufgebraucht ist, bleiben nur große Früchte wie die des Bürzeldorns *Tribulus* übrig, deren Kerne durch harte Schalen und scharfe Dornen geschützt sind. Kleine Grundfinken haben keine Chance, die nahrhaften Leckerbissen aus ihrem Panzer herauszuholen. Der Mittlere Grundfink schafft es immerhin, einen Samen nach dem anderen freizupicken, braucht dabei allerdings für jeden etwa eine halbe Minute. Nur der Große Grundfink kann mit seinem mächtigen Schnabel die ganze Frucht auf einmal knacken – und dabei mehr als doppelt so viele Samen in der gleichen Zeit fressen wie sein kleinerer Verwandter. Große Grundfinken sind den Mittleren Grundfinken also eindeutig überlegen, wenn es nichts anderes zu fressen gibt als die gutverpackten Früchte des Bürzeldorns. Doch auch die Vögel derselben Art machen sich untereinander Konkurrenz. Dabei entscheidet ein winziger Unterschied, wer zum Ziel kommt: Ein Mittlerer Grundfink mit einem 11 mm langen Schnabel kann eine *Tribulus*-Frucht bewältigen. Sein Artgenosse mit 10,5 mm langem Schnabel wird dabei scheitern.

Wie sich zeigte, können derart geringe Abweichungen in den Schnabelmaßen über Leben und Tod eines Finken entscheiden. In den ersten vier Jahren, die die Grants auf Daphne Major verbrachten, überlebten durchschnittlich neun von zehn Finken die Trockenzeit. Im fünften Jahr blieb der Regen aus. Die Pflanzen konnten weniger Samen ansetzen und das Vogelfutter ging zusehens zur Neige. Schließlich blieben den Vögeln nur mehr die Früchte des Bürzeldorns und vergleichbar große, harte Samen zum Fressen. Das hatte dramatische Folgen: Die Kaktusfinken brachten nur eines von drei Jungvögeln hoch und die Mittleren Grundfinken begannen erst gar nicht zu brüten. Im anschließenden Januar, als die Dürre endlich wich, waren sechs von sieben Mittleren Grundfinken auf der Insel gestorben. Die Überlebenden waren fünf bis sechs Prozent größer als die Toten. Ihre Schnäbel waren vor der Dürre im Durchschnitt 10,68 mm lang und 9,42 mm hoch gewesen. Nach der Dürre zeigte die Schublehre dagegen im Mittel 11,07 mm Länge und 9,96 mm Höhe an. Natürlich waren nicht etwa die Schnäbel einzelner Vögel gewachsen. Vielmehr fielen vergleichsweise mehr solche Individuen der Dürre zum Opfer, deren Schnabel von Geburt an kürzer war als der eines durchschnittlichen Artgenossen. Weil die Männchen der Mittleren Grundfinken ungefähr fünf Prozent größer sind als ihre Weibchen und entsprechend längere Schnäbel haben, traf die Dürre die Geschlechter unterschiedlich hart: Von 600 Männchen überlebten 150, von den ebenfalls etwa 600 Weibchen dagegen nur wenige.

Was die Grants in den Monaten der Jahre 1976 und 1977 beobachtet hatten, war nichts anderes als Darwins natürliche Selektion in Aktion. Sie hatte die Finken in aller Härte dezimiert und dabei eher diejenigen Individuen geschont, die einen etwas längeren, höheren Schnabel hatten, der besser zum Knacken harter Samen geeignet war. Als es im Januar 1978 endlich regnete, begann zwischen den Finken erneut ein harter Wettbewerb. Rein rechnerisch hatte jedes der überlebenden Weibchen die Wahl unter sechs Männchen – und entschied sich in der Regel für das größte mit dem reichsten Gefieder und dem dicksten Schnabel. So zielten Nahrungsknappheit (natürliche Selektion) und Vorlieben der Weibchen (sexuelle Selektion) in die gleiche Richtung: Männchen mit großen Schnäbeln waren im Vorteil gegenüber ihren Konkurrenten und hatten mehr Chancen, Väter zu werden. Weil

Körpergröße und Schnabelform in hohem Maße erblich sind, waren viele der 1977 geschlüpften Jungvögel größer als gewöhnlich, und ihr Schnabel war vier bis fünf Prozent höher als der Schnabel ihrer Vorfahren vor der Dürre. Die Mittleren Grundfinken hatten sich also vor den Augen der Biologen verändert. Die Grants erlebten noch mehrere außergewöhnlich trockene Jahre auf Daphne Major und immer waren die Auswirkungen die gleichen: Die Nahrung wurde knapp, die Finken mußten auf harte große Samen ausweichen, viele der Vögel starben und die Überlebenden hatten durchschnittlich höhere Schnäbel als vor der Dürre.

Wäre auf Daphne Major ein Sommer so heiß und trocken wie der andere, dann sollten die durchschnittlichen Schnabelmaße der Grundfinken von Jahr zu Jahr mächtiger werden. Indes kann die Evolution eine Art nicht nur schnell in eine bestimmte Richtung drängen. Sie kann auch plötzlich eine einmal eingeschlagene Richtung korrigieren oder sogar umkehren, wenn die Umwelt andere Zwänge vorgibt. Selbst innerhalb der Lebensspanne eines einzelnen Organismus können Selektionseinflüsse in die entgegengesetzte Richtung wirken. Dies geschah im Dezember 1982, als es auf Daphne Major regnete wie nie zuvor. Die flutartigen Niederschläge waren ausgelöst worden von den warmen Wasserströmungen eines »El Niño«, der das Wetter auf der gesamten Weltkugel veränderte. Die ungewöhnlich reichen Niederschläge hatten zur Folge, daß die Pflanzen auf Daphne Major um ein Vielfaches mehr Samen produzierten als ein Jahr zuvor. Rankende Pflanzen überwucherten die Triebe des Bürzeldorns und sorgten dafür, daß es bald zehn Mal mehr kleine weiche als große harte Samen für die Grundfinken gab. Also machten sich alle Vögel – ob groß oder klein, ob mit mächtigem oder schmächtigem Schnabel – gleichermaßen über die weichen Samen her.

Im Sommer nach »El Niño« war es wieder trocken. Es gab wenig neue Samen und der Vorrat vom Vorjahr ging allmählich zur Neige. Die Nahrung reichte bei weitem nicht für alle Finken, und so geschah das gleiche wie während der großen Dürre: Die Vögel starben wie die Fliegen. Lisle Gibbs, ein Mitarbeiter der Grants, vermaß lebende wie tote Vögel und entdeckte dabei, daß unter den Überlebenden viel mehr kleine Vögel mit kleinen Schnäbeln waren als große Tiere mit großen Schnäbeln – und entsprechend mehr Weibchen als Männchen. Gibbs brachte das Phänomen mit dem Überschuß an kleinen weichen Samen in Zusammenhang. Offenbar war es den größeren Individuen zum Nachteil geraten, daß sie mehr Appetit hatten als die kleinen, aber nicht genügend große harte Samen fanden, um ihn zu stillen. Im Wettstreit um die kleinen weichen Samen aber waren die Großen ihren schmächtigeren Artgenossen unterlegen, die im Umgang mit ihrer angestammten Nahrung mehr Geschick an den Tag legten und überdies mit weniger Kalorien auskamen.

Die Biologen waren Zeugen gewesen, wie sich eine Finkenart innerhalb weniger Jahre unter dem Einfluß der natürlichen Selektion zunächst in die eine und kurze Zeit später in die entgegengesetzte Richtung veränderte. Einem Beobachter, der sich nur alle Dutzend Jahre die Mühe gemacht hätte, die durchschnittlichen Schnabelmaße zu notieren, wären die dramatischen Veränderungen entgangen. Demnach verhält es sich genau umgekehrt, wie Darwin vermutet hatte: Manche Arten verändern sich nicht zu langsam, sondern zu schnell, als daß wir den Wandel wahrzunehmen vermögen. Im Fall der Galápagosfinken waren die Veränderungen besonders schwer zu entdecken, denn in der Summe hoben sich die Auswirkungen von Dürre und Regenfluten auf die Schabelform auf. In zahlreichen anderen Fällen konnten Biologen dokumentieren, wie sich Arten durch das Einwirken natürlicher Selektionsprozesse in eine bestimmte Richtung verändern. So beobachtete beispielsweise ein Team von Evolutionsforschern von der University of Texas, wie bestimmte

Scheckenfalter in nur zehn Jahren ihre bevorzugte Wirtspflanze wechselten. Die Schmetterlinge hatten sich an die veränderte Zusammensetzung der Pflanzen angepaßt, die als Nahrung für ihre Raupen in Frage kommen. Arten verändern sich also nicht nur aufgrund äußerer Einflüsse wie Regen oder Dürre, sondern auch im Zusammenleben mit anderen Organismen: Räuber zwingen ihre Beute, sich immer besser zu verstecken, zu fliehen oder sich gegen ihre Widersacher zu wehren. Pflanzen buhlen mit aufwendigen Lockmitteln um die Aufmerksamkeit ihrer Bestäuber. Druck erzeugt Gegendruck, und daher ruft jede Neuerung der einen Seite eine Reaktion der anderen Seite hervor. Nicht nur die Finken passen ihre Schnabelform dem wechselnden Angebot an Körnern an. Im Gegenzug verändern sich auch die Pflanzen unter dem Druck ihrer hungrigen Feinde.

Tier- und Pflanzenarten sind keineswegs starr, sondern reagieren innerhalb kürzester Zeit auf Veränderungen ihrer Umwelt. Dürreperioden sind stets von neuem eine Herausforderung für die Bewohner des Galápagos-Archipels. Auch die große Flut des Jahres 1983 hat die Finken durcheinandergebracht, denn seit diesem Jahr beobachten die Grants, daß sich Mitglieder verschiedener Arten paaren und Junge aufziehen – ein Verhalten, das die Vögel in den Jahren zuvor nur äußerst selten gezeigt hatten. In den folgenden Jahren wurden solche »Mischehen« immer häufiger. Kleine Grundfinken, aber auch Kaktusfinken lassen sich mit Mittleren Grundfinken ein. Wider Erwarten leben die Nachkommen aus solchen Kreuzungen länger und bringen mehr Junge durch als der reinrassige Nachwuchs einer jeden Elternart. Warum das so ist, ist bis dato ebenso ungeklärt wie die Frage, wie sich dieses merkwürdige Phänomen weiterentwickeln wird. Werden Kaktusfink oder Kleiner und Mittlerer Grundfink zu einer Art verschmelzen? Oder erleben wir gerade die Geburtsstunde einer neuen, 14. Finkenart?

Von der Rasse zur Art

Ein Mittlerer Grundfink, der einem Kaktusfinken den Hof macht, schlägt buchstäblich aus der Art. Wenn sich die beiden sogar paaren und gesunde Mischlinge – man nennt sie Bastarde oder Hybride – großziehen, dann haben Biologen ein ernsthaftes begriffliches Problem. Denn nach einer anerkannten Definition zeichnet sich eine Art ja gerade dadurch aus, daß sich ihre Mitglieder unter natürlichen Bedingungen miteinander, nicht aber mit Angehörigen anderer Arten paaren können und dabei lebensfähige, fruchtbare Nachkommen hervorbringen.

Dieser bewährte »biologische Artbegriff« läßt sich freilich auf eine ganze Reihe von Lebewesen nicht anwenden, denn viele Organismen vermehren sich überhaupt nicht auf geschlechtlichem Weg, so etwa alle Bakterien und einige Pilze. Zahlreiche Pflanzen wie Brombeeren und Bananen vermehren sich häufig durch ungeschlechtliche »Ableger«. Sogar die Weibchen mancher Echsen und anderer Wirbeltiere können ohne Hilfe eines Männchens Nachwuchs bekommen. Auch bei Fossilien ist der biologische Artbegriff praktisch nicht anwendbar, da man natürlich nicht testen kann, wie sie sich fortgepflanzt haben. In diesen Fällen beschreiben Biologen die Mitglieder einer Art aufgrund ihres äußeren Erscheinungsbildes. Ähnlich gehen auch Nichtbiologen vor: Kein Kind würde einen Hund für eine Katze halten oder eine Kuh für ein Pferd – die Unterschiede sind eben allzu offensichtlich. Tatsächlich leitet sich auch der wissenschaftliche Ausdruck »Spezies« vom lateinischen Wort für Form oder Erscheinung ab. Auch moderne Taxonomen unterscheiden, wie schon Carl von Linné, einzelne Arten hinsichtlich ihrer körperlichen Gestalt.

Allerdings gibt es etliche Beispiele für zwei oder mehr Arten, die wegen ihrer Ähnlichkeit auch erfahrene Systematiker in die Irre führen. Wie gelingt es solchen »Zwillingsarten«, sich selbst zweifelsfrei zu erkennen? Zilpzalp und Fitis, zwei einheimische Singvögel, die sich äußerlich zum Verwechseln ähnlich sehen, unterscheiden sich deutlich in ihrem Gesang. Die Vogelweibchen paaren sich nur mit den »richtigen« Sängern. Stimmliche Eigenheiten kennzeichnen häufig auch nachtaktive Vogelarten, etwa den in Südamerika heimischen Zwerg-Sperlingskauz und seinen »Zwilling«, den im Gefieder sehr ähnlichen Amazonas-Sperlingskauz. Viele Tiere haben komplizierte Balzrituale, die sich von Art zu Art unterscheiden, oder sie verlassen sich auf den arttypischen Geruch ihrer Partner. Pflanzen bedienen sich besonderer Mechanismen, die die Verschmelzung von Ei- und Samenzellen verschiedener Arten verhindern. All diese Merkmale sind meßbar, wenn auch nicht mit dem Auge.

Was aber, wenn zwei artfremde Individuen quasi »irren wollen«, wie der Kleine Grundfink der Galápagos-Insel Daphne Major, der bei den Mittleren Grundfinken auf Brautschau geht? Lebewesen ist eben nicht mit strengen Kategorien und starren Definitionen beizukommen. Das mußte schon Charles Darwin einsehen, als er sich ganze acht Jahre lang um die systematische Ordnung der Rankenfüßer bemühte – einer Gruppe von mehr als 800 meeresbewohnenden Krebstieren, die am Untergrund festgewachsen sind oder als Parasiten leben: »Nachdem ich eine Gruppe von Formen als unterschiedliche Arten beschrieben hatte, zerriß ich mein Manuskript und gruppierte sie zu einer Art. Ich zerriß auch dieses Manuskript wieder und gruppierte sie zu getrennten Arten. Dann fügte ich sie wieder zu einer Einheit zusammen (das ist mir wirklich unterlaufen). Ich habe mit den Zähnen geknirscht, die Arten verflucht und mich gefragt, welche Sünde ich wohl begangen hatte, um so bestraft zu werden.«

Auch für moderne Evolutionsbiologen stellt die Umschreibung einer Spezies eine Herausforderung dar. Was macht eine

»Art« aus und was eine sogenannte »Unterart« oder »Rasse«, deren Mitglieder sich mit denen anderer Rassen trotz sichtbarer Unterschiede fortpflanzen können? Wie lassen sich Artgenossen, die zur selben Zeit in einem bestimmten Gebiet leben – also eine »Population« bilden – von Populationen anderer Arten trennen? Und wie sehr sind sie selbst bestrebt, sich voneinander abzugrenzen? Sicher ist, daß neben zahlreichen Pflanzen auch sehr viel mehr Tierarten Hybride mit verwandten Spezies zeugen, als Biologen noch vor kurzem angenommen haben – denn mit diesen »Mischehen« verhält es sich wie mit Rechtschreibfehlern in einem Text: Je gründlicher man danach sucht, um so mehr entdeckt man. Daß Pferd und Esel sich paaren können, ist altbekannt; ebenso die Tatsache, daß die so entstandenen Maultiere und Maulesel unfruchtbar sind. Dasselbe Schicksal ereilt »Pfebras« und »Tigöwen« – Mischwesen, die sich durch erzwungene Paarung von Zebras und Pferden oder Löwen und Tigern erzeugen lassen. Doch es kommt auch unter natürlichen Bedingungen zu Hybridisierungen zwischen verschiedenen Säugetierarten, ebenso bei zahlreichen Fischen, etwa bei Neunaugen, Forellen, Lachsen, Weißfischen, Welsen, Hechten, Barschen oder Guppys. »Falsche« Paarungen sind auch für Amphibien und Insekten belegt, besonders häufig sind sie jedoch bei Vögeln: Etwa jede zehnte Art wurde dabei beobachtet, wie sie in der Natur mit einer anderen Art zusammen brütete und hybride Nachkommen hatte. In einigen Vogelordnungen geschieht dies sogar noch häufiger, etwa bei Moor- und Rebhühnern, Spechten, Kolibris, Falken und Reihern. Die meisten »Mischehen« gibt es bei Enten und Gänsen: Bei 67 der weltweit 161 bekannten Arten sind hybride Formen festgestellt worden.

Die Häufigkeit solcher »Ausrutscher« zeigt uns eindrucksvoll, daß Arten nicht ein für allemal festgelegt sind, sondern sich auch heute noch weiterentwickeln und aus bereits vorhandenen Spezies neue entstehen. Wie dieser Prozeß vor sich geht, bereitet Evolutionsbiologen allerdings einiges Kopfzerbrechen. Besonders gut studieren läßt er sich in mehr oder weniger engumgrenzten Regionen, den sogenannten Hybridzonen oder -gürteln, wo es ganz regelmäßig zu Kreuzungen zwischen Arten kommt. In Mittelfrankreich zum Beispiel überlappen sich die Verbreitungsgebiete von Marmormolch und Kammolch. In diesem Gebiet bilden sich regelmäßig gemischte Paare, deren hybride Junge lebensfähig sind, sich aber – ähnlich wie die Bastarde von Pferd und Esel – ihrerseits nicht mehr fortpflanzen können. Solche Mischehen führen in eine evolutionäre Sackgasse: Molche, die sich darauf einlassen, »verschwenden« ihre Zeit, Kraft und Energie, denn nie wird ein Enkel oder Urenkel ihre Eigenschaften weitertragen und sie auf diese Weise »unsterblich« machen. Nach dieser Logik sollte auch jene fatale Eigenheit, sich »falsch« zu paaren, mit der Zeit aussterben. Dennoch scheint die Hybridzone zwischen den beiden Molcharten nicht zu verschwinden – ein Paradoxon, für das Biologen noch immer nach Erklärungen suchen.

Andere Hybride sind ihren Elternarten unter bestimmten Umweltbedingungen überlegen – so etwa der Wasserfrosch, der durch Kreuzung aus Seefrosch und Teichfrosch entsteht. In einigen Gebieten können sich die Bastarde nicht untereinander, sondern nur mit Teichfröschen fortpflanzen. In anderen Regionen – etwa in ganz Schleswig-Holstein – kommen dagegen ausschließlich Wasserfrösche vor, die dort wie eine eigenständige Art leben. Einige Hybridzonen überraschen durch ihre unvermutete Lage und Struktur. Haus- und Weidensperlinge leben in Marokko und Spanien sowie im Balkan bis Zentralasien nebeneinander, besiedeln aber unterschiedliche Lebensräume. Obwohl sich die Vögel häufig begegnen, kreuzen sie sich nicht. In Algerien und Tunesien, Italien, Korsika und Sizilien kommt es dagegen uneingeschränkt zu Paarungen zwischen den beiden Sperlingsvögeln. Demnach benehmen sich die Tiere in manchen Teilen ihres gemeinsamen Verbreitungsgebietes wie »gute« Arten, in anderen dagegen wie Rassen.

Noch komplizierter verhält es sich bei einer Gruppe von Großmöwen, die sich nicht so recht in die gebräuchliche Hierarchie von Rassen und Arten eingliedern lassen und deshalb unter dem Begriff »Superspezies« zusammengefaßt werden. Die Gruppe besteht aus zahlreichen Formen, die trotz auffälliger Unterschiede in der Färbung sehr nah miteinander verwandt sind. In Kanada mit Labrador, Nordsibirien und Nordrußland – also rund um den Nordpol – bilden die Möwen zahlreiche Rassen, deren Angehörige mit den Individuen benachbarter Rassen hybridisieren können. In Nordwesteuropa und Skandinavien sowie auf den Britischen Inseln leben die Vögel dagegen als zwei Arten (Silber- und Heringsmöwe) nebeneinander, ohne sich zu vermischen. Biologen nehmen an, daß solche Superspezies oder »Rassenkreise« aus ursprünglich einer Art entstanden sind. Vermutlich besiedelte eine Stammart nach und nach ein derart großes Areal, daß die Vögel an den Rändern des Verbreitungsgebietes sich nicht mehr zur Paarung trafen. Zudem fanden sie in ihren jeweiligen Lebensräumen unterschiedliche Umweltbedingungen vor. So bildeten sich zwei (oder mehrere) Populationen, in denen die natürliche Auslese solche Individuen begünstigte, die den – jeweils verschiedenen – Anforderungen am besten gewachsen waren. Mit der Zeit wurden aus den Populationen geographische Rassen mit speziellen Anpassungen an ihren Lebensraum.

Was würde passieren, wenn das zusammenhängende Verbreitungsgebiet der Möwen durch eine oder mehrere Barrieren in räumlich getrennte Gebiete zerschnitten würde, zum Beispiel durch einen unüberwindbaren Gebirgszug in Kanada oder Sibirien? Angenommen, diese geographische Schranke hätte einige zehntausend Jahre lang Bestand, bevor sie

Zwei Akilei-Arten vermeiden eine Kreuzung durch verschiedene Bestäuber (links Nachtfalter, rechts Kolibri)..

wieder fiele, um so den Kontakt der zuvor voneinander isolierten Rassen zu ermöglichen. Dann stünden die Chancen nicht schlecht, daß sich die Mitglieder der Silbermöwen-Superspezies zu einwandfrei getrennten Arten entwickelten. Durch die unabhängige Evolution voneinander entfremdet, würden sie sich nun nicht mehr vermischen, obwohl die räumliche Trennung zwischen ihnen aufgehoben wäre. Dieses Gedankenexperiment ist nicht so weit hergeholt wie es zunächst erscheinen mag, denn tatsächlich bildeten sich im Laufe der Erdgeschichte immer wieder solche unüberwindlichen Barrieren. So zwangen zum Beispiel in Europa mehrere Eiszeiten zahlreiche Tiere und Pflanzen, vor den ungünstigen Klimabedingungen nach Süden auszuweichen. Dabei wurden viele Arten in zwei oder mehrere Populationen zersplittert, die auf der Pyrenäenhalbinsel, in Italien oder auf dem Balkan die Kälte überdauerten und sich während dieser Isolation veränderten. Nach dem Rückzug der Gletscher breiteten sich östliche und westliche Schwesterpopulationen wieder nach Mitteleuropa aus und trafen dort – je nach Ausmaß der Entfremdung – als Rassen oder eigenständige Arten aufeinander. Zilpzalp und Fitis sind Beispiele für solche Artenpaare, die sich in ihren gemeinsamen Verbreitungsgebieten nicht mehr vermischen, ebenso Grün- und Grauspecht oder Sommer- und Wintergoldhähnchen. Dagegen haben Raben- und Nebelkrähen den Sprung von der Rasse zur Art knapp verfehlt, obwohl sie sich äußerlich gut unterscheiden: Wo die beiden Krähenrassen gemeinsam vorkommen – in Deutschland zum Beispiel entlang der Elbe –, bilden sie auf einer Gesamtlänge von annähernd 5500 Kilometer einen meist nur hundert Kilometer breiten Hybridgürtel.

Neben Gletschern können Gebirge, Wüsten oder Meeresarme zu unüberwindlichen Barrieren zwischen Angehörigen einer Art werden. Klimatische und andere ökologische Besonderheiten auf beiden Seiten der Schranken führen dazu, daß sich aus den getrennten Populationen einer Art geographische Rassen bilden. So haben etwa Säugetierrassen in kälteren Gebieten verglichen mit ihren Verwandten aus wärmeren Gegenden häufig ein längeres, dichteres Haarkleid und besonders kurze Ohren und Schwänze, die weniger leicht auskühlen. Die unterschiedliche Hautpigmentierung der menschlichen Rassen ist vermutlich ebenfalls als Anpassung an die verschieden starken Strahlungsbedingungen ihrer ursprünglichen Verbreitungsgebiete entstanden. Das Beispiel Mensch zeigt freilich eindrucksvoll, daß sich geographische Rassen nicht zwangsläufig zu verschiedenen Arten weiterentwickeln: Trotz zahlreicher Unterschiede bilden alle Rassen des Menschen eine Art, denn aus biologischer Sicht kann jeder Mann mit jeder Frau Kinder zeugen. Zur Artaufspaltung kommt es erst, wenn sich biologische Fortpflanzungsbarrieren zwischen den Rassen bilden – wenn etwa ein Männchen der einen Rasse ein Weibchen der anderen nicht mehr als Paarungspartnerin erkennt oder ihr ganz einfach nicht mehr »über den Weg läuft«, weil sein Tagesablauf dem ihren nicht mehr gleicht. Bevor sich solche sogenannten Isolationsmechanismen entwickeln, muß es allerdings zur räumlichen Isolation einer Population kommen. Dies kann es zum Beispiel dann geschehen, wenn einige wenige Individuen bestehende geologische Barrieren überwinden und in bisher unbesiedelte Areale vordringen. Dort werden sie zu Gründern einer neuen Population, die sich schon aufgrund ihrer geringen Größe anders entwickeln wird als ihre Stammart, denn die Mitglieder dieser abgesprengten Minderheit werden eine zufällig zusammengemixte Auswahl von Eigenschaften in sich vereinen – darunter auch solche, die in der großen Gemeinschaft relativ selten vertreten sind. Neuerungen können sich also im kleinen Kreise einer Gründergeneration schneller durchsetzen als in der Masse der »Konservativen«.

Besonders günstige Voraussetzungen für eine ungestörte Entwicklung abseits der Stammart bieten Inseln oder ganze Inselgruppen: Sie sind fruchtbare Kinderstuben für neue Spezies. Die einzigartigen Tiere und Pflanzen der Galápagos-Inseln – man nennt sie »endemisch«, weil sie nirgendwo sonst vorkommen – stammen von versprengten Individuen ab, die vom südamerikanischen Festland über das Meer trieben, flogen oder vom Wind hergeblasen wurden. Auf den anfangs unbelebten Vulkankegeln konnten aus den Gründerpopulationen all dieser zufällig Gestrandeten neue Arten entstehen, die sich allmählich weiter aufspalteten. So sind wohl auch die verschiedenen Darwinfinken aus einer kleinen Population von ursprünglich einer Finkenart hervorgegangen, die auf eine der Inseln verschlagen wurde. Von dort gelangten vermutlich einige wenige Exemplare auf benachbarte Eilande, wo sie sich in ihrer geographischen Isolation zu einer weiteren Art fortentwickelten. Da die Finken die ersten Vögel gewesen sein dürften, die den Archipel besiedelt haben, standen ihnen dort verschiedenste Lebensräume mit ihren jeweiligen »ökologischen Lizenzen« offen: die Mangroven der Meeresküste, die Bäume mit ihrer von Maden bewohnten Borke, das Gestrüpp früchtetragender Kakteen, die Samen bodenbedeckender Kräuter und viele mehr. Nach und nach spezialisierten sich die Finken darauf, jeweils eine dieser verschiedenen Nahrungsquellen zu nutzen und entwickelten sich dabei zu den heute lebenden 13 unterschiedlichen Arten – ein Prozeß, den Biologen als »adaptive Radiation« bezeichnen. Ähnliches hat sich auf den 3500 Kilometer vom nächsten Festland entfernten Hawaii-Inseln abgespielt: Dort haben sich 22 endemische Arten von Kleidervögeln entwickelt, die sich – wie die Darwinfinken – mit Hilfe speziell geformter Schnäbel unterschiedliche Nahrungsquellen erschlossen haben.

Die meisten Biologen sind heute der Ansicht, daß bei Tieren die Artbildung in räumlich getrennten Arealen – man nennt sie »allopatrisch«, vom griechischen »andere Heimat« – die Regel ist. Theoretisch kann sich eine neue Art aber auch inmitten ihrer Ursprungsart – also »sympatrisch«, vom griechischen »gleiche Heimat« – entwickeln. Sicher nachgewiesen ist diese Möglichkeit der Artbildung allerdings nur bei Pflanzen, die über die Fähigkeit verfügen, das Erbgut ihrer Zellen zu vervielfachen. Durch diesen »Polyploidisierung« genannten Mechanismus schaffen sie sich gleichsam über Nacht selbst eine Barriere, die sie von ihren ehemaligen Artgenossen trennt, denn ihre Samen- und Eizellen voller neu formierter Erbmasse vertragen sich nicht mehr mit den Keimzellen der Ursprungsform und stehen einer erfolgreichen Fortpflanzung im Weg. Derselbe Mechanismus ermöglicht es auch pflanzlichen Hybriden, sich zu neuen Arten zu entwickeln. So entstand beispielsweise der Kulturweizen in mehreren Kreuzungsschritten aus zwei Wildgräsern der Gattung *Aegilops*, dem Wildeinkorn und dem Kulturemmer. Diese Form der Artbildung – frei nach dem Motto »aus zwei mach drei« –

verzerrt das alte Bild vom Baum des Lebens, dessen Äste sich verzweigend nach oben recken. Dem vielfältigen Austausch zwischen verschiedenen Lebensformen scheint eher die Vorstellung vom Busch gerecht zu werden, dessen Triebe sich im filzigen Dickicht berühren, aufeinander zu wachsen und gar verschmelzen, um dann wieder voneinander wegzustreben – ein Prozeß, den Biologen als »netzförmige« oder »retikuläre Evolution« bezeichnen. Unter diesem Aspekt erscheinen »falsche« Paarungen zwischen Angehörigen verschiedener Arten in neuem Licht: Sie müssen sich nicht immer als Fehler, als evolutionäre Sackgasse erweisen, sondern – ganz im Gegenteil – als Triebfeder für Neues.

Sex schafft Abwechslung

»Ganz der Papa!« bekommt der frischgebackene Vater zu hören, wenn er sein Baby der Verwandtschaft vorstellt. »Aber die Nase hat es von der Oma«, beteuert die Mutter, »und von Onkel Hans die breite Stirn ...« Falls das Kleine später Geschwister bekommt, wird man auch bei ihnen manche Ähnlichkeit zueinander und zu den Eltern, vielleicht sogar zur weiteren Verwandtschaft entdecken. Und dennoch hat jedes der Geschwister ein unverwechselbares Äußeres und seinen eigenen Charakter, kurz: eine einzigartige Persönlichkeit. Sie ist das Ergebnis der Vereinigung zweier verschiedener Keimzellen – also desjenigen Vorgangs, für den Biologen ganz ohne Hintergedanken den Ausdruck »Sex« gebrauchen.

Warum sehen Kinder nicht genauso aus wie ein Elternteil, aber auch nicht wie eine gleichmäßige Mischung aus beiden? An der Lösung dieser Frage arbeitete bereits im 18. Jahrhundert der französische Physiker und Mathematiker Pierre Louis de Maupertuis. Er untersuchte die Familiengeschichte von

Menschen mit sechs Fingern oder anderen außergewöhnlichen Merkmalen wie etwa Albinismus. Dabei stellte er fest, daß ein Kind bestimmte Eigenheiten sowohl vom Vater als auch von der Mutter erben kann – und zwar unabhängig vom eigenen Geschlecht. Manchmal besitzen die Sprößlinge sogar Eigenschaften, die keines der beiden Eltern, dafür aber etwa der Großvater oder noch weiter entfernte Verwandte besitzen: So kann ein Kind mit zwei braunäugigen Eltern durchaus blaue Augen haben.

Ähnliche Beobachtungen, allerdings an der Blütenfarbe von Erbsenpflanzen, führten ein Jahrhundert später den Augustinermönch Gregor Mendel zur Entdeckung grundlegender Prinzipien der Vererbung. Fast neunzig Jahre bevor die Natur der Gene und ihre materielle Grundlage, das spiralförmig gewundene Kettenmolekül DNS, erkannt wurde, entdeckte Mendel durch sorgfältig geplante Experimente im Garten seiner Abtei, daß die Eigenschaften eines Organismus von unteilbaren Einheiten, den »Erbfaktoren«, bestimmt werden. Er verwendete dazu zwei Erbsensorten, die purpurn oder weiß blühten. Mit einem feinen Malerpinsel brachte er den Pollen der einen Sorte auf die Narbe der anderen. Aus diesen Kreuzungen gingen nicht etwa rosablühende Erbsen hervor, wie man vielleicht erwarten könnte. Statt dessen erblühten sämtliche Pflanzen in Purpur. Als Mendel die Hybriden mit ihresgleichen befruchtete, hatten gut drei Viertel der Nachkommen ebenfalls purpurne, das restliche Viertel aber wieder weiße Blüten. Die weißen Blüten waren also nicht gänzlich verschwunden, sondern hatten sich gleichsam eine Zeitlang versteckt. Die Erklärung für das Phänomen: Purpur und Weiß sind verschiedene Zustandsformen – wir nennen sie heute »Allele« – des Gens für die Blütenfarbe. Eine Erbsenpflanze besitzt für jedes Gen zwei Allele, die gleich oder unterschiedlich sein können. Ein »Purpur-Allel« genügt, um die Erbsenblüten purpur zu färben – egal, für welche Farbe das zweite steht. Weiße Blüten bilden sich dagegen nur dann, wenn beide Allele eine weiße Farbe vorgeben. Da die Eltern der Hybriden aber jeweils zwei gleiche Allele besaßen (entweder die für purpurne Blüten oder die für weiße Blüten), hatten sämtliche Hybride eine Mischung aus beiden mitbekommen und blühten daher purpurn.

Mendel untersuchte zahlreiche weitere Eigenschaften der Erbsenpflanzen, beschränkte sich dabei aber auf Merkmale, die »eine scharfe und gewisse Trennung zuließen«: Die Schoten waren gelb oder grün, gewölbt oder geschnürt; die Samen waren rund oder kantig, weiß oder graubraun gefärbt. Immer fand er dieselbe Form der Vererbung: Eines der Allele (er nannte es »dominant«) unterdrückte die Ausprägung des anderen (es heißt »rezessiv«), so daß sich keine Mischformen bildeten. Obwohl Mendel seine Vererbungsgesetze nur wenige Jahre nach Erscheinen der ›Entstehung der Arten‹ veröffentlichte, erkannten weder er noch Charles Darwin – geschweige denn andere zeitgenössische Naturforscher – ihre Bedeutung für die Evolutionstheorie. Heute gelten Mendels Arbeiten als wichtigste Voraussetzung zum Verständnis evolutionärer Veränderungen. Doch zunächst wurden sie 35 Jahre lang ignoriert. Als sie zu Beginn des 20. Jahrhunderts wiederentdeckt wurden, glaubten viele führende Genetiker kurioserweise, die Mendelschen Vererbungsregeln stünden nicht in Einklang mit Darwins Lehre vom allmählichen Wandel. Denn dieser sollte sich an Merkmalen vollziehen, die kontinuierlich variieren, etwa Körpergröße, Haarlänge oder die Geschwindigkeit, mit der ein Tier vor einem Feind fliehen kann. Dagegen erkannten Mendel und seine Anhänger nur einzelne »Entweder-oder-Merkmale« als erblich. Tatsächlich aber haben auch die feinen Variationen innerhalb einer Art eine genetische Basis und bilden so die Zielscheibe für die von Darwin entdeckte natürliche Selektion. Allerdings gehorcht die Ausprägung eines Merkmals in der Regel nicht den Mendelschen Geset-

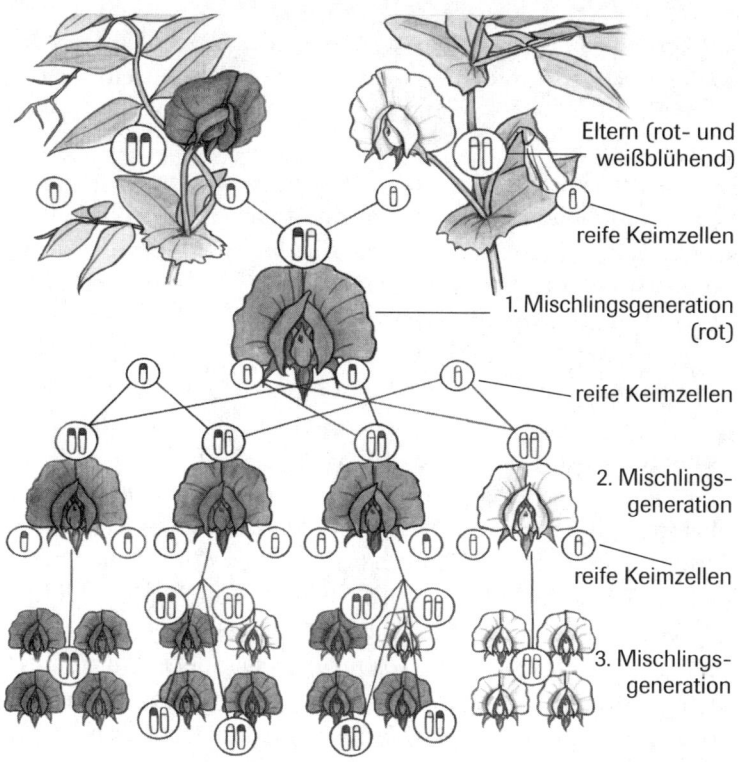

Eltern (rot- und weißblühend)

reife Keimzellen

1. Mischlingsgeneration (rot)

reife Keimzellen

2. Mischlings- generation

reife Keimzellen

3. Mischlings- generation

Mendel experimentierte mit *reinerbigen* Gartenerbsen: Sie blühen immer nur jeweils rot oder weiß, weil ihre Keimzellen nur eine Sorte von Allelen besitzen. Kreuzt man rote mit weißen Erbsen (Eltern), dann erhalten alle Nachkommen (1. Mischlingsgeneration) zwei verschiedene Allele, sind also *mischerbig*. Bei Erbsen (aber nicht bei jeder Pflanzenart) dominiert die rote Blütenfarbe über die weiße. Daher blühen mischerbige Erbsen stets rot. Kreuzt man die 1. Mischlingsgeneration untereinander, so wachsen in der 2. Mischlingsgeneration rotblühende Pflanzen (etwa drei Viertel, darunter rein- und mischerbige) und weißblühende (rund ein Viertel). Bestäubt man jede dieser Erbsen mit ihresgleichen, so entstehen aus weißen Pflanzen ausschließlich weißblühende Nachkommen, aus reinerbig roten Blumen immer nur rote. Unter den Abkömmlingen aus mischerbig rotblühenden Eltern hingegen finden sich sowohl rote als auch weiße.

zen. Häufig sind verschiedene Allele eines Gens gleichwertig, so daß sich das von ihnen bestimmte Merkmal wie ein Mittelding zwischen den reinen Varianten ausnimmt. Schließlich gibt es zahlreiche Eigenschaften, die von mehr als einem Gen beeinflußt werden. So wird zum Beispiel die Pigmentierung der menschlichen Haut von mindestens drei unabhängigen Genen kontrolliert, deren Allele für dunkle Hautfarbe diejenigen für helle Hautfarbe nur unvollständig dominieren. Daher gibt es alle Abstufungen von sehr hellhäutigen über mittel gebräunte bis zu extrem dunkel pigmentierten Menschen. Dazu kommt, daß sich die Bräunung in dem Maße verändert, in dem die Haut der Sonne ausgesetzt ist: Der zusätzliche Einfluß der Umwelt ist unübersehbar.

In vielen Fällen ist das Wechselspiel der Gene noch komplizierter. Manche Merkmale werden nur bei Frauen ausgebildet oder sind nur bei Männern dominant; wodurch die Dominanz eines Allels bewirkt wird, ist nicht immer klar. Häufig macht es einen Unterschied, ob ein bestimmtes Allel vom Vater oder von der Mutter geerbt wird. Dennoch gilt auch in diesen Fällen Mendels Entdeckung, daß Gene unteilbare Einheiten sind und die Ausprägung eines Merkmals davon abhängt, in welcher von mehreren möglichen Formen die beteiligten Gene vorliegen.

Daß jeder Mensch ein einzigartiges Individuum ist, verdankt er dem Umstand, daß es von einem Erbmerkmal verschiedene Versionen geben kann. Der springende Punkt dabei ist die Tatsache, daß diese verschiedenen Versionen in unendlich vielen Kombinationen vorkommen. Der Grund dafür ist unsere Entstehungsgeschichte: Wir entstammen der sexuellen Vereinigung von väterlichen und mütterlichen Keimzellen und besitzen folglich von jedem Gen nur zwei Allele – eines von jedem Elternteil. Besäße jedes Lebewesen sämtliche möglichen Versionen eines Gens, dann glichen sich alle Artgenossen wie ein Ei dem anderen. Tatsächlich aber sind nur

Zweierkombinationen möglich – davon aber um so mehr, je mehr Allele eines Gens es insgesamt in einer Population gibt. Ein Beispiel soll dies verdeutlichen: Das Gen für die menschliche Blutgruppe kommt in vier Varianten vor, nämlich als Allel A_1, A_2, B oder 0. Folglich sind zehn Kombinationen möglich: A_1A_1, A_1A_2, A_2A_2, A_10, A_20, A_1B, A_2B, BB, B0 und 00. Alle zehn Varianten – man nennt sie »Genotypen« – sind bei verschiedenen Menschen gefunden worden. Weil A_1, A_2 und B über 0 dominieren und A_1 über A_2, bleiben aber nur sechs voneinander verschiedene Blutgruppen als sogenannte »Phänotypen« übrig: A_1, A_2, B, A_1B, A_2B und 0.

Unterschiedliche Merkmale können unabhängig voneinander vererbt werden, wie ebenfalls schon Mendel erkannte. Kreuzte er zum Beispiel Erbsenpflanzen mit gelben glatten Samen und solche mit grünen runzeligen Samen, so fand er unter den Nachkommen Pflanzen mit gelben glatten, grünen glatten, gelben runzeligen und grünen runzeligen Samen. Wie entstehen all diese Kombinationen? Der Mechanismus, der die individuellen Unterschiede innerhalb einer Tier- oder Pflanzenart bedingt, ist die geschlechtliche Fortpflanzung. Wenn Ei- und Samenzelle verschmelzen, bekommt das so gezeugte neue Lebewesen von Vater und Mutter je einen vollständigen Satz ihrer Gene. Wenn es sich später einmal selbst fortpflanzen will, muß es zuvor sein Erbmaterial halbieren – andernfalls würde sich dieses in jeder Generation verdoppeln. Daher erhalten die Keimzellen bei ihrer Entstehung von jedem Gen nur eines der beiden Allele. Welches der ursprünglich väterlichen und mütterlichen Allele in eine bestimmte Keimzelle gelangt, entscheidet der Zufall.

Die wichtigste Folge von Sex ist es, daß gleichsam in jedem Individuum die Karten neu gemischt und so unablässig andere Kombinationen aus dem Genbestand einer Art arrangiert werden. Durch diesen Prozeß der »Rekombination« entstehen stets neue Genotypen aus dem Pool der bereits vorhandenen Allele. So kann jedes Merkmal in der größtmöglichen Vielzahl von Kombinationen mit allen anderen Genen seine Wirkung entfalten.

Einen Eindruck vom immensen Ausmaß möglicher Varianten vermittelt ein Besteckkasten, in dem jeweils ein silberner und ein goldener Mokka-, Tee-, Eß-, Suppen- und Soßenlöffel liegen. Zwei Personen greifen mit verbundenen Augen in den Kasten und nehmen tastend von jeder Löffelsorte einen heraus. Bei diesem Spiel kann eine Person alle fünf goldenen Löffel bekommen oder nur vier goldene und einen silbernen oder alle fünf silbernen. Bekommt sie zum Beispiel zwei goldene, so ist es wiederum dem Zufall überlassen, um welche zwei es sich handelt: ob Eß- und Soßenlöffel dabei sind oder nur einer von beiden oder keiner. Insgesamt gibt es nicht weniger als 32 Möglichkeiten.

Die Löffel in diesem Beispiel entsprechen fadenförmigen Gebilden namens »Chromosomen«, zu denen die unüberschaubare Menge der Gene im Zellkern jeder Zelle gebündelt sind. Die meisten Lebewesen enthalten mehr als fünf Chromosomenpaare: Taufliegen besitzen beispielsweise acht, Kartoffeln 48, Hunde 78 und bestimmte Farnarten sogar mehr als tausend. Menschliche Zellen enthalten 23 Chromosomenpaare, die bei der Reifung der Keimzellen auf zwei Zellen aufgeteilt werden müssen – das ergibt 8388608 verschiedene Möglichkeiten einer Mischung der ursprünglich väterlichen und mütterlichen Chromosomen in einer Keimzelle. Doch damit ist das Potential an Varianten noch nicht erschöpft. Denn während der Neuverteilung der Chromosomen können einzelne Allele ihren Platz mit dem jeweiligen »Partner-Allel« tauschen – die goldenen Löffel bekämen auf diese Weise beliebig viele silberne Flecken. Durch dieses »Crossing-over« läßt sich die Zahl der möglichen Neukombinationen ins Unermeßliche steigern. Wenn man alle Merkmale mit variabler Ausprägung berücksichtigt, steigt die Anzahl der möglichen

Kombinationen weiter an, und so kommt es, daß es keine zwei genetisch identischen Menschen geben kann – es sei denn, sie sind eineiige Zwillinge.

Der Vorteil der Rekombination liegt auf der Hand: Wenn ein besonders kräftiger Löwe eine ungewöhnlich ausdauernde Löwin trifft, dann erbt das Löwenbaby mit ein bißchen Glück beide vorteilhaften Eigenschaften. Ohne Sex wäre es dagegen äußerst unwahrscheinlich, daß sich zwei zufällig entstandene vorteilhafte Mutationen gleichzeitig in einem Individuum ereignen. Mathematisch versierte Biologen haben ausgerechnet, daß sich unter bestimmten Umständen geschlechtlich fortpflanzende Arten schneller an veränderte Umweltbedingungen anpassen – also schneller evolvieren können – als Organismen, die sich ohne Sex vermehren. Dieser Vorteil überwiegt offenbar die hohen »Kosten« der Sexualität – nämlich einen geeigneten Geschlechtspartner zu finden, ihn zu umwerben und gegen Nebenbuhler zu verteidigen, um schließlich nach geglückter Paarung nur die Hälfte seiner Gene an die Kinder zu vererben. »Ungeschlechtlichkeit scheint eine Zeitlang gut zu funktionieren«, kommentiert John Maynard Smith, einer der angesehensten Evolutionstheoretiker unserer Zeit, das Phänomen, »doch dann verändert sich die Welt, und die Population kann sich nicht ändern und stirbt aus.« Tatsächlich kennen Biologen nur eine einzige Gruppe von Tieren, bei der alle Arten sich ohne Sex fortpflanzen. Alle anderen Tiergruppen mit ausschließlich ungeschlechtlicher Vermehrung sind früher oder später ausgestorben: Die meisten von ihnen waren höchstens während Zehntausenden von Jahren, also eine erdgeschichtlich sehr kurze Zeitspanne lang, asexuell. Zwar vermehren sich auch heute noch zahlreiche Tiere ungeschlechtlich, so etwa Blattläuse, Rädertiere oder Wasserflöhe. Doch auch sie üben diese zeit- und energiesparende Art der Fortpflanzung nur während der klimatisch meist stabilen Sommermonate aus. Sobald sich die Lebensbedingungen verschlechtern oder der harte Winter ins Haus steht, setzen diese Tiergruppen auf die Neukombination ihrer genetischen Ausstattung: Von einem Tag zum anderen verwandeln sie sich zu Geschlechtswesen und zeugen eine Generation von Individuen mit neu zusammengewürfelten Eigenschaften. Es scheint, als wollten sie angesichts einer ungewissen Zukunft auf Nummer Sicher gehen und möglichst unterschiedliche Nachkommen zeugen, von denen zumindest einige den unwägbaren Erfordernissen der kalten Jahreszeit und der folgenden neuen Sommersaison die Stirn bieten können.

Lotterie mit Spielregeln

Das Lotteriespiel namens Sex schafft nur dann wirklich Neues, wenn sich mütterliche und väterliche Allele eines Gens unterscheiden. Anders gesagt: Wer an einer Tombola teilnimmt, kann seine Gewinnchance zwar dadurch erhöhen, daß er eine große Zahl von Losen kauft – aber nur, wenn nicht alle dieselbe Nummer tragen. Wenn das Erbgut in den Ei- und Samenzellen sämtlicher Menschen identisch wäre, dann sähen unweigerlich alle Kinder gleich aus – egal, wer ihre Eltern wären. Im wirklichen Leben sind aber alle Kinder verschieden. Die unterschiedlichen Varianten eines jeden Gens, die über Generationen an sie weitergereicht wurden, entstanden einst durch Mutationen.

Das Ausmaß der genetischen Variation ist sehr viel größer, als wir mit unseren Augen erfassen können, denn in den seltensten Fällen zeigen sich unterschiedliche Allele so offensichtlich wie bei der Färbung von Erbsenblüten. Eine Vielzahl von Eiweißstoffen, die in jedem Organismus unverzichtbare Aufgaben als Baumeister, Stoffwechselbeschleuniger oder Gesundheitspolizisten erfüllen, zeigt kleinste Variationen in

Mutationen

Wenn sich eine Zelle teilt, muß sie zuvor ihr Erbgut verdoppeln. Milliarden von Erbbausteinen werden kopiert, zu Chromosomen verpackt und auf die beiden Tochterzellen aufgeteilt. Dabei passieren unvermeidbare Kopierfehler, die zufällig das eine oder andere Gen bleibend verändern: Kleinste DNS-Stücke werden vertauscht oder gehen verloren, größere Abschnitte verschwinden, werden verdoppelt, umgeordnet oder zwischen Chromosomen ausgetauscht. Gelegenheiten zu diesen kleinen Schlampereien gibt es im Laufe eines Menschenlebens rund zehn Millionen Milliarden (10^{16}) Mal – so oft teilen sich nämlich unsere Körperzellen insgesamt. Jede Zelle versucht, Kopierfehler zu korrigieren. Enthält ein DNS-Abschnitt falsch verkettete Bausteine, so wird dieser von speziellen Enzymen entlarvt, herausgeschnitten und ausgetauscht. Fehlerhaft verknüpfte Einzelteile des Erbmaterials werden mit Hilfe des blauvioletten Anteils der Sonnenstrahlen repariert. Dennoch können nicht alle Mutationen rückgängig gemacht werden – es sind einfach zu viele. Sie entstehen spontan oder werden von Röntgen-, Gamma- und UV-Strahlen sowie von zahlreichen Chemikalien ausgelöst. Mutationen können die Vorlage für ein bestimmtes Eiweiß bleibend so verändern, daß es seine ursprüngliche Funktion nicht mehr oder anders – vielleicht sogar besser – ausüben kann als das Original. Allerdings bleiben solche Veränderungen in einer beliebigen Körperzelle meist ohne größere Wirkung auf den Organismus; selten legen sie den Grundstein zu einem Krebsgeschwür. So oder so verschwinden sie, wenn das betroffene Individuum stirbt. Zu evolutionären Veränderungen können mutierte Gene nur beitragen, wenn sie sich in einer Keimzelle ereignen und an die nächste Generation vererben. In bis zu vierzig Prozent der menschlichen Keimzellen mutiert eines der zahlreichen Gene. Daher trägt jeder Mensch etwa ein oder zwei neue Allele, die er nicht geerbt hat.

ihrem molekularen Aufbau. Solche Unterschiede, die einst durch zufällige Mutationen entstanden sind, lassen sich mit biochemischen Verfahren sichtbar machen. Evolutionsbiologen haben Dutzende von Genen vieler verschiedener Organismenarten daraufhin untersucht, ob es von ihnen mehr als nur eine Variante gibt. In Populationen der Fliegengattung *Drosophila* zum Beispiel fanden sie bei knapp einem Drittel der untersuchten Gene zwei oder mehr Allele. Jede einzelne Taufliege besitzt im Durchschnitt bei etwa zwölf Prozent ihrer Gene zwei unterschiedliche Allele: Das macht 700 bis 1200 sogenannte heterozygote Gene pro Fliege. Deshalb unterscheiden sich zwei beliebige Individuen einer *Drosophila*-Population in ungefähr einem Viertel aller Gene. Beim Menschen verhält es sich in etwa ebenso.

Die Häufigkeit bestimmter Allele läßt sich einfach schätzen, ebenso kann man bestimmen, wie sich solche Häufigkeiten verändern – etwa von einer Generation zur nächsten oder zwischen zwei Populationen einer Art. Dieser Forschungsansatz hat dazu beigetragen, daß die Erkenntnisse der Genetik mit Darwins Abstammungstheorie in Einklang gebracht und zu einer umfassenden »Synthetischen Evolutionstheorie« vereinigt wurden, der heute die meisten Biologen zustimmen. Wenn Populationsgenetiker die Veränderung von Allelhäufigkeiten untersuchen, dann werden sie dabei von ähnlichen Fragen geleitet wie Peter und Rosemary Grant beim Vermessen von Finkenschnäbeln: Sind diese Veränderungen zufällig entstanden oder haben sie eine Bedeutung für die betroffenen Organismen? Welche Ursachen bewirken den Wandel in der genetischen Struktur einer Population, sprich: deren Evolution? Läßt sich der Einfluß der von Darwin vorgeschlagenen natürlichen Selektion nachweisen oder spielen andere Mechanismen eine Rolle?

Die Geburtsstunde der Populationsgenetik wurde mit der enttäuschenden Lösung einer dieser Fragen eingeläutet:

Kann sich ein neu mutiertes vorteilhaftes Allel, das sich gegenüber der althergebrachten Genvariante dominant verhält, in einer sehr großen Population sich wahllos miteinander paarender Individuen verbreiten und schließlich als einziges durchsetzen? Die Antwort lautet: nein. Denn dieses neue Allel wird in der nächsten Generation genauso selten auftreten wie in der Elterngeneration – sofern nicht andere Faktoren als die Neukombination der Allele via Sex einwirken. Diesen Zusammenhang beschreibt das sogenannte Hardy-Weinberg-Gesetz, benannt nach den beiden Wissenschaftlern, die es 1908 unabhängig voneinander formulierten. Würden sich echte Populationen genau so verhalten, wie es das Hardy-Weinberg-Gesetz voraussagt, dann könnten sie keine Evolution durchmachen. Umgekehrt bedeutet das: Wenn verschiedene Allele innerhalb einer Population seltener oder häufiger vorkommen, als nach dem Gesetz zu erwarten ist, dann läßt sich daraus schließen, daß sich ihre genetische Struktur wandelt. Das gilt für alle diesbezüglich untersuchten Populationen, denn meist können sie eine oder mehrere Voraussetzungen des Hardy-Weinberg-Gesetzes nicht erfüllen: Keine Population ist unendlich groß und ohne Kontakte zu anderen Populationen; die Geschlechter paaren sich meist nicht wahllos und manche Individuen haben bessere Fortpflanzungschancen als andere.

Zufall und Notwendigkeit – zwei scheinbar gegensätzliche Kräfte – bedingen diese »Evolution im kleinsten Maßstab«. Welcher Einfluß stärker ist, kann nicht immer leicht entschieden werden. Wahre Glücksfälle für die Forscher sind jene Beispiele, bei denen bestimmte Allele ihre Überlegenheit über alternative Allele desselben Merkmals deutlich preisgeben und so die Wirkung der natürlichen Selektion aufzeigen. Die Färbung des Birkenspanners ist so ein Fall. Dieser kleine Nachtfalter ist von hungrigen Vögeln nicht einfach zu entdecken, weil sein unregelmäßiges Fleckenmuster sich kaum von der Baumrinde abhebt, auf der er tagsüber reglos verharrt. Es gibt hellgraue und schwarze Falter, und dieser Farbunterschied wird von zwei alternativen Allelen eines einzigen Gens bestimmt. Anfang des 19. Jahrhunderts gab es in den meisten Gegenden Englands überwiegend helle Falter – vermutlich fielen schwarze Exemplare auf der weißen, mit hellen Flechten bewachsenen Birkenrinde stärker auf und wurden deshalb häufiger von Vögeln aufgepickt. Die Industrielle Revolution brachte dem Land rauchende Fabrikschlote und eine Menge Ruß, der die Birkenstämme schwärzte und zudem ihren hellen Flechtenbewuchs abtötete. Dadurch veränderte sich die Lage der schwarzen Falter dramatisch. Denn nun waren sie es, die auf der rußgeschwärzten Birkenrinde besser vor den Blicken der Vögel verborgen waren. Also überlebten mehr dunkle als helle Falter, sie konnten mehr Nachkommen haben als jene, und prompt stieg der Anteil schwarzgefärbter Birkenspanner in weniger als fünfzig Jahren mancherorts von etwa einem Prozent auf bis zu 95 Prozent an. So hatte ein einziges Gen über Leben und Tod der Faltervarianten bestimmt. Das Beispiel zeigt, wie der Zufall im Zusammenspiel mit gezielter Auslese die Evolution einer Tierart bewirkt: Durch zufällige Fehler beim Kopieren der Erbinformation entstand einst ohne Zweck und Notwendigkeit ein Allel, das seine Träger schwarz machte statt hellgrau. Scheinbar zielgerichtet bevorzugte die natürliche Auslese die »normalen« hellen Falter gegenüber den schwarzen Mutanten – bis sich zufällig die Rahmenbedingungen änderten.

Auch in menschlichen Populationen kommen die unterschiedlichen Allele eines Merkmals mehr oder weniger häufig vor – je nachdem, ob sie die Lebenstüchtigkeit ihrer Träger stärken oder schwächen. Ein Beispiel: Menschen verschiedener Blutgruppen sind unterschiedlich anfällig gegenüber den Erregern von Pest und Pocken. Menschen mit der Blutgruppe 0 können das Pestbakterium nicht als fremd erkennen und fallen ihm daher besonders leicht zum Opfer. Tatsächlich ist die Blutgruppe 0 in den Pestzentren der Erde, durch die zugleich die alten Straßen des Welthandels verliefen, sehr viel seltener als in jenen Bevölkerungsgruppen, die viele Jahrhunderte kaum am Weltverkehr teilnahmen. Die Pocken dagegen befallen Träger der Blutgruppe 0 oder B seltener als solche mit der Blutgruppe A oder AB. So verwundert es nicht, daß in den häufig von Pockenepidemien heimgesuchten Gegenden der Erde die Blutgruppe B häufiger ist als anderswo. Das heutige Verteilungsmuster der Blutgruppen spiegelt also die natürliche Auslese wider, die in Gestalt verheerender Seuchen über viele Generationen hinweg unter den Menschen wütete.

Pest und Pocken können aber keinesfalls alle Unterschiede in der Blutgruppenhäufigkeit verschiedener Bevölkerungsgruppen erklären. Auch der Zufall hat seine Hände im Spiel, wie folgendes Beispiel zeigt: Ende der fünfziger Jahre gab es in den zu Westfalen gehörenden Teilen des Ruhrgebiets deutlich mehr Schulkinder mit dem Blutgruppen-Allel B als in anderen Gebieten dieses Bundeslandes. Ihr Anteil war um so höher, je häufiger Eltern und Großeltern der Kinder ursprünglich aus den östlichen Provinzen des ehemaligen Deutschen Reiches stammten. Die Erklärung für das Phänomen: Der Aufschwung der rheinisch-westfälischen Industrie zog in den letzten Jahrzehnten des 19. Jahrhunderts eine große Zahl von Menschen an, darunter gerade auch viele aus östlichen Gebieten, in denen – aus nicht genau bekannten Gründen – damals wie heute die Blutgruppe B besonders häufig ist. Somit ist die ungewöhnliche Verteilung der Blutgruppen innerhalb der westfälischen Bevölkerung nicht das unmittelbare Ergebnis eines natürlichen Selektionsprozesses. Statt dessen kam sie zufällig durch den Zuzug einer entfernten Bevölkerungsgruppe zustande – ein Vorgang, den Biologen als »Genfluß« zwischen zwei Populationen bezeichnen. Genfluß ist einer von vielen Wegen, auf denen die genetische Struktur einer

Population sich zu verändern vermag. Ein anderer Weg ist die »genetische Drift«, durch die in einer kleinen Population ein Teil der Allele rein zufällig – und nicht etwa aufgrund schlechterer Eignung – verlorengeht. Einen dritten Weg geht der Zufall in Gestalt von Abenteurern und Entdeckern. Zweifellos waren es nur wenige mutige Menschen, die vor 25000 Jahren von Nordostasien aus den amerikanischen Kontinent besiedelten. Unter ihnen befanden sich rein zufällig besonders viele Träger der Blutgruppe 0. Diesen zufallsbedingten Gründereffekt führen Evolutionsbiologen als Erklärung dafür an, warum die Blutgruppe 0 im heutigen Süd- und Mittelamerika so häufig ist.

Auch die schwarze Bevölkerung Nordamerikas weist – neben ihrer Hautfarbe und weiteren Körpermerkmalen – deutliche Hinweise auf ihre Herkunft im Blut auf. Etwa jeder vierthundertste Afroamerikaner leidet an einer Krankheit, die die roten Blutkörperchen zu sichelförmigen Zellen verformt und dadurch in verschiedensten Körperteilen schwere Schäden hervorruft. Die Symptome dieser als Sichelzellanämie bekannten Erbkrankheit werden von einem abnormen Allel hervorgerufen, das sich wie die weiße Blütenfarbe von Mendels Erbsen verhält: Es ist rezessiv, wirkt also nur in doppelter Dosis. Daher erkranken ausschließlich solche Menschen, die von beiden Eltern das mutierte Allel erhalten haben, also homozygot für dieses Merkmal sind. Heterozygote Merkmalsträger – sie besitzen ein fatales und ein harmloses Allel – sind zwar bei weitem nicht so schwer krank wie homozygote, jedoch weniger leistungsfähig als Menschen mit zwei gesunden Allelen. Beinahe jeder zehnte schwarze Amerikaner ist heterozygot – das ist ein äußerst hoher Prozentsatz. Die Ursache für diese Häufung ist offenbar eine andere, ebenfalls todbringende Krankheit: die Malaria. Denn sichelförmig deformierte Blutzellen bieten den Malariaerregern schlechte Lebensbedingungen, daher sind heterozygot kranke Menschen in den

Gegenden Afrikas und Indiens, wo diese Tropenkrankheit verbreitet ist, Menschen mit normalen Blutzellen gesundheitlich überlegen. In Amerika, wo es keine Malariaerreger gibt, ist der Besitz eines Sichelzellen-Allels dagegen kein Vorteil, sondern ein Handicap. Daß dennoch so viele schwarze Amerikaner ein abnormes Allel in sich tragen, ist ein Relikt ihrer afrikanischen Herkunft.

Wieder erweist sich die natürliche Selektion eher als launenhafter Despot denn als zielstrebiger Züchter: Ein und dieselbe Eigenschaft kann die Überlebenschancen ihres Trägers einmal erhöhen und ein andermal senken. Wer fit ist, bestimmen die Umstände – und die können sich wandeln. Weil keine Fähigkeit »an sich« gut oder besser ist als eine andere, bleibt die Vielfalt an Merkmalsvarianten erhalten, die sich nach und nach durch Abwandlungen einer Ausgangsform entwickelt hat. Doch auch wenn ein mutiertes Allel das Überleben seines Trägers gefährdet, kann die natürliche Selektion es nicht so einfach ausmerzen, denn die meisten lebensbedrohlichen Erbkrankheiten werden – wie die Sichelzellanämie – durch rezessive Allele bedingt. Mit dem Gesetz von Hardy und Weinberg läßt sich sehr einfach berechnen, daß auf jeden (homozygot) Kranken ein Vielfaches an (heterozygot) Gesunden kommt, die das schädliche Allel versteckt in sich tragen. Weil die lebensgefährlichen rezessiven Allele ihre wahre Natur hinter dem zweiten, gesunden Allel verbergen, entgehen sie der natürlichen Selektion. Bekommen zwei Träger eines krankmachenden Gens miteinander Kinder, so kann das Leiden bei einem oder mehreren der Sprößlinge wieder durchbrechen, denn das Risiko, daß sie von Mutter *und* Vater die folgenreiche Anlage erhalten, ist beträchtlich. Dieses Risiko ist unter nahen Verwandten natürlich viel größer als unter Fremden. Um die fatalen Folgen von Inzucht zu verhindern, sind in den meisten Gesellschaften Ehen zwischen Geschwistern oder Vettern und Basen verboten.

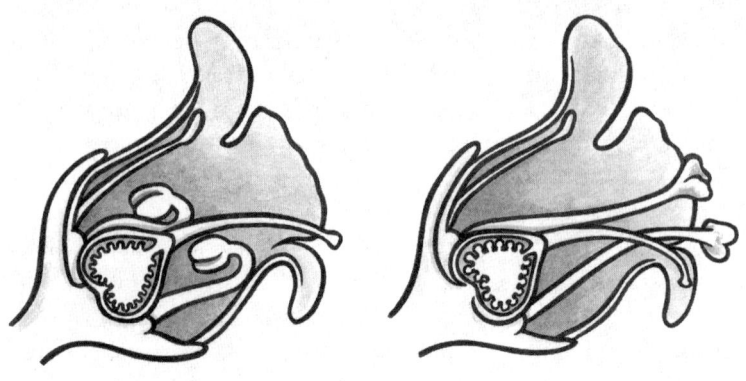

Salbeiblüten recken zuerst ihren Stempel den Bestäuber-Insekten entgegen (links) und später die Staubbeutel (rechts). So wird Selbstbefruchtung und damit Inzucht vermieden.

Nach biologischen Maßstäben sind schwer erbkranke Kinder und ihre Eltern weniger erfolgreich als unbelastete gesunde Menschen, denn in der biologischen Welt heißt Erfolg, möglichst viele Nachkommen zu haben. Doch selbst ungünstige Erbmerkmale ziehen nicht zwangsläufig einen geringeren Fortpflanzungserfolg nach sich, wie das Beispiel der Sichelzellanämie zeigt. Umgekehrt ist auch das beste Erbmerkmal kein Garant für reichlichen Kindersegen – weder bei Tieren und Pflanzen und schon gar nicht in menschlichen Gesellschaften, in denen biologische Gesetzmäßigkeiten eine zusehends untergeordnete Rolle spielen. Denn nur im Extremfall hängt es von einem einzelnen Merkmal ab, wie groß die »Fitness« eines Organismus ist, wie viele Gene er also verglichen mit seinen Artgenossen an die nachfolgende Generation vererbt.

Selbst beim Birkenspanner, auf den dieser extreme Fall zutrifft, haben dunkle Falter nur im Durchschnitt eine höhere Lebenserwartung und im Mittel mehr Nachkommen als ihre hellen Artgenossen. Für das einzelne Individuum gehört zum Leben aber auch eine gehörige Portion Glück.

Die Fitness einer Erbanlage muß nicht nur von den Umweltbedingungen oder ihrer Kombination mit anderen Merkmalen ihres Trägers abhängen. In vielen Fällen entscheidet nichts weiter als die Häufigkeit eines Allels darüber, ob es die Lebensfähigkeit seines Trägers – gemessen an alternativen Varianten – senkt oder steigert. Manchmal ist es günstig, rar zu sein: So ist zum Beispiel eine bestimmte Art von Immunsystem gegen eindringende Mikroben besser geschützt, solange diese innerhalb einer Population nur bei wenigen Individuen vorkommen. Sobald die Erreger häufiger werden, können sie sich auf das Immunsystem einstellen und dessen Wirksamkeit untergraben. Die beste Strategie wäre ein ständiger Wechsel der Eigenschaften, doch diese Taktik ist einzelnen Individuen verwehrt, denn sie können ja nicht einfach ihr Erbgut nach Bedarf austauschen.

Innerhalb einer Population sorgt die natürliche Selektion tatsächlich für einen ständigen Wechsel von seltenen und häufigen Eigenschaften: Sobald es sich im Darwinschen Sinne »auszahlt«, einer Minderheit anzugehören, wird ebendiese Minderheit zur Mehrheit werden – und alsbald einer neuen Minderheit unterlegen sein. Andere Eigenschaften sind um so vorteilhafter, je häufiger sie in einer Population vorkommen – etwa eine Erbanlage, die einem Insekt einen abstoßenden Geschmack verleiht. Je mehr seiner Artgenossen ebenso eklig schmecken, um so wahrscheinlicher werden Vögel und andere Freßfeinde aus schlechter Erfahrung gelernt haben, Insekten dieser Art zu meiden. So kommt die Häufigkeit eines Merkmals manchem seiner Träger indirekt zugute – wem genau, das ist im Einzelfall wieder Glückssache.

Manche Eigenschaften steigern die Fitness ihrer Träger, weil sie beim anderen Geschlecht Gefallen finden – ein Phänomen, das Darwin in Abgrenzung zur natürlichen Selektion als sexuelle Selektion bezeichnet hat. Tatsächlich erweisen sich manche dieser Geschlechtsmerkmale im Überlebenskampf als ungünstig – ein Paradoxon, für dessen Lösung Biologen verschiedene Deutungen parat haben. Das bekannteste Beispiel liefert der männliche Pfau, der mit seinem schillernden Rad den Weibchen imponiert, zugleich aber auch feindliche Blicke auf sich zieht. Zudem sind die langen Schwanzfedern beim Fliegen hinderlich und erschweren dem Hahn die Flucht vor einem Raubtier.

Wie konnte die unerbittliche natürliche Selektion die Entwicklung eines so »lebensgefährlichen« Merkmals wie des Pfauenrades zulassen? Offenbar bringt der Federschmuck seinen Trägern einen Vorteil, der die Nachteile überwiegt. Einer Hypothese zufolge lesen die Weibchen am gepflegten Äußeren ihrer potentiellen Paarungspartner deren Gesundheitszustand ab. Denn ein schillerndes Federkleid kann nur derjenige Vogel präsentieren, der gut genährt und frei ist von Parasiten und Krankheiten. Ebenso stellt der Platzhirsch seine Fitness unmittelbar zur Schau, wenn er Rivalen mit seinem mächtigen Geweih vertreibt. Ein Weibchen tut gut daran, sich einen schmucken und zugleich fitten Partner zu suchen, denn der vererbt seine »guten Gene« an ihre Kinder. Aus denselben Gründen »lohnt« es sich für die Männchen, einem Weibchen mit Kraft und Gesundheit zu imponieren und so die eigenen Fortpflanzungschancen gegenüber denen seiner Mitbewerber zu steigern – selbst auf die Gefahr hin, dadurch das Leben zu riskieren.

Natürlich sind weder Vögel noch Hirsche in der Lage, derartige Überlegungen anzustellen. Vielmehr werden ihre Neigungen genetisch gesteuert. Allerdings haben gerade diejenigen »modebewußten« Pfauenhennen den meisten Nachwuchs, die durch ihre Gene zur Wahl eines gesunden Partners veranlaßt werden. Ebenso haben solche Hähne einen höheren Fortpflanzungserfolg, die sich für ihre Weibchen herausputzen. Ihre Söhne und Töchter werden beide Eigenschaften in sich vereinen: Vom Vater erben sie die prächtigen Schwanzfedern, von der Mutter die Vorliebe für dieselben. Wenn die Jungen erwachsen sind, werden sie wiederum mehr Chancen zur Fortpflanzung haben als weniger auffällige und schmucke Artgenossen – und so fort. Dieser »runaway-Prozeß« kann sogar rein zufällig in Gang kommen – also ohne daß »gute Gene« die Nachteile überdurchschnittlich langer Schwänze aufwiegen. Wie Ronald Fisher, der Begründer der modernen Populationsgenetik, durch Computersimulationen zeigen konnte, verstärkt sich der Prozeß selbst, und sehr bald kommt den wählerischen Weibchen eine wichtigere Rolle zu als anderen Selektionsfaktoren. Für die Evolution zählt nur die Zahl der Nachkommen. Was nützt es da einem kurzschwänzigen Pfau, daß er Feinden besser entkommt und länger lebt, wenn ihn kein Weibchen als Partner akzeptiert?

Vom Saurier zum Vogel

Warum Pfauenhennen die prachtvollen Schwanzfedern ihrer Männchen beeindruckend finden, läßt sich plausibel machen – egal, ob man Fishers runaway-Modell Glauben schenkt oder eher der Theorie der »guten Gene«. Allerdings bleibt dabei die Frage offen, *wie* sich der Federschmuck entwickelt hat, ja, wie überhaupt die erste Feder, der erste fliegende Vogel entstanden ist. Es geht um das grundsätzliche Problem, welche Prozesse den großen Neuerungen der Evolution zugrunde liegen, die zu der atemberaubenden Vielfalt des Lebens führten. Läßt sich die Existenz von Tierstämmen mit völlig neuen

Bauplänen durch dieselben Mechanismen erklären wie die kleinen Veränderungen der Mikroevolution, die das Entstehen neuer Arten aus einer Ursprungsart vorantreiben? Nach Ansicht der meisten modernen Evolutionsbiologen lautet die Antwort: »Ja!« – wenngleich sie sich über den Stellenwert der verschiedenen Evolutionsmechanismen uneins sind.

Diese Sicht der Evolution läßt keinen Platz für einen Gott, der jede einzelne Kreatur mit all ihren Besonderheiten eigens erschaffen hat, dennoch mangelt es ihr keinesfalls an Ehrfurcht vor den vielfältigen Lebensformen. Wenige herausgegriffene Beispiele sollen die erstaunliche Leistungsfähigkeit verschiedener Vögel veranschaulichen: Küstenseeschwalben fliegen alljährlich vom Nordpol zum Südpol und wieder zurück, Mauersegler erreichen Fluggeschwindigkeiten von mehr als 170 Stundenkilometern. Die heutigen Vögel könnten nicht fliegen, würde nicht ihr gesamter Körper auf ihr Leben in der Luft ausgerichtet sein. Fliegen erfordert enorm viel Energie, die nur über einen erhöhten Stoffwechsel geliefert werden kann. Ein effizientes Kreislaufsystem mit einem vierkammerigen Herz hält die hohe Stoffwechselrate in Gang. Daß die produzierte Wärme nicht verlorengeht, dafür sorgt eine Fettschicht – und natürlich die Federn. Diese bemerkenswerten Gebilde bestehen aus Keratin: demselben Eiweiß, das auch die Schuppen der Reptilien, nicht aber die Haare, Hufe und Nägel der Säugetiere bildet. Daher gilt als sicher, daß Federn aus Reptilienschuppen entstanden und die Vögel als »fliegende Dinosaurier« ihren Anfang genommen haben. Wie der erste Vogel aussah, wissen wir nicht. Das älteste uns bekannte Tier mit Federn – der berühmte *Archaeopteryx lithographica* – lebte vor etwa 150 Millionen Jahren. Dieser Zwitter aus Vogel und Saurier ist nicht der Urahn der heutigen Vögel, hat aber mit diesen einen Vorläufer gemein. Seine asymmetrisch geschnittenen Federn und sein Körperbau bezeugen, daß er fliegen konnte, wenn auch nicht sehr gut.

Wie haben die Vögel das Fliegen »gelernt«? Nach einer gängigen Erklärung sprangen baumbewohnende Echsen von den Ästen und kamen dabei über das Segeln aufs Fliegen. Oder am Boden lebende saurierähnliche Reptilien entwickelten aus dem schnellen Lauf heraus den Gleitflug und später den aktiven Vogelflug. Beide Vorstellungen gehen davon aus, daß sich Zug um Zug die Reptilienschuppen vergrößerten und daraus über lange Zeiträume in einem schrittweisen, allmählichen Prozeß die Federn entstanden. Die Schwierigkeit besteht jedoch in der Erklärung, wie und warum dieser Prozeß in Gang gekommen ist. Könnte eine Echse einen Vorteil davon gehabt haben, daß ihre Schuppen ein klein wenig größer waren als die ihrer Artgenossen? Falls nämlich die Neuerung für ihren Träger nutzlos gewesen wäre, so sollte sie von der natürlichen Selektion bestenfalls ignoriert, jedoch nicht gefördert worden sein. Einen Ausweg aus dieser unbefriedigenden Erklärung bietet die Annahme, daß sich die größeren Schuppen ursprünglich gar nicht zum Gleiten und Fliegen entwickelten, sondern für andere Zwecke. Erst später sollte sich die fertige Feder auch als zum Fliegen bestens geeignet erweisen. Einen ähnlichen Funktionswandel haben vermutlich viele Organe und Körperteile durchlaufen, ehe sie sich zu dem entwickelt haben, was wir heute vorfinden: So läßt sich anhand von Fossilienfunden belegen, daß mehrere zum Hören unverzichtbare Knochen im Säugetierohr im Laufe von etwa achtzig Millionen Jahren aus verschiedenen Knochen des Reptilienkiefers und -schädels hervorgegangen sind. Es scheint, als sei die Evolution ein Bastler, der aus lange angesammeltem Material immer wieder Neues schafft, indem er bestehende Strukturen umfunktioniert und zweckentfremdet. Auch die Federn könnten, lange bevor die Echsen ans Fliegen »dachten«, zunächst wie ein Sonnenschirm zur Abwehr großer Hitze und später – wie sie es heute noch tun – als Nässeschutz und Wärmespeicher verwendet worden sein.

Oder das Gefieder diente ursprünglich als eine Art Mülltonne, durch die sich die insektenfressenden Vogelvorläufer überschüssiger Eiweißstoffe mit hohem Schwefelgehalt entledigen konnten.

Vielleicht hatten die allerersten vergrößerten Saurierschuppen ja überhaupt keine Funktion und verhielten sich gegenüber der natürlichen Selektion gleichsam »neutral« – wie eine Laune der Natur, die ihren Besitzern weder Vor- noch Nachteile einbrachte. Tatsächlich ist eine Gruppe von Evolutionsbiologen davon überzeugt, daß sich wesentliche Neuerungen in der Geschichte des Lebens gerade deshalb entwickeln konnten, weil sie sich ohne Sinn und Zweck aus zufälligen Mutationen ergaben. Der geistige Vater dieser Idee des »Neutralismus«, der japanische Genetiker Motoo Kimura, konnte zeigen, daß sich der weitaus größte Teil mutierter Allele innerhalb einer Population zufällig durchsetzt und nicht etwa aufgrund einer wie auch immer gearteten besseren Tauglichkeit von der natürlichen Selektion bevorzugt wird. Welche Rolle neutrale Mutationen und deren zufällige Etablierung in der Makroevolution einnehmen, muß offenbleiben – denn von einzelnen Allelen zum fertigen Lebewesen ist es ein weiter Weg.

An Erklärungsversuchen für den Ablauf der Makroevolution mangelt es nicht. Welche dieser Überlegungen dem Wie und Warum der Vogelevolution am nächsten kommen, ist schwierig zu entscheiden – nicht zuletzt deshalb, weil wir nicht alle Zwischenformen derjenigen Lebewesen kennen, die nicht mehr ganz Echse und noch nicht ganz Vogel waren. Zwar wurden außer den taubengroßen *Archaeopteryx*-Skeletten verschiedene andere Formen versteinerter »Urvögel« gefunden, etwa die 120 bis 130 Millionen Jahre alten »gefiederten Dinosaurier« *Sinosauropteryx* und *Protoarchaeopteryx*. Doch auch diese Fundstücke können die Lücken im Fossilienzoo nicht füllen. Die fehlenden versteinerten Übergangsformen, die »missing links« wie es in englischer Fachsprache heißt, machen es so schwer, den tatsächlichen Hergang der Evolution nachzuzeichnen. Gleichzeitig gibt das Phänomen der missing links selbst Raum für widersprüchliche Deutungen. Zum Teil liegt die Lückenhaftigkeit der Fossilienfunde an den zahlreichen Zufälligkeiten, denen sie ihre Existenz verdanken: Damit ein Lebewesen versteinert wird, muß es zur richtigen Zeit am richtigen Ort sterben und von geeigneten Sedimenten eingeschlossen werden. Dann muß es über die Jahrmillionen von allen zerstörerischen geologischen Prozessen verschont bleiben, die es zerdrücken, auflösen oder einschmelzen können. Wenn es sich tatsächlich unversehrt erhalten hat, muß es wieder zur richtigen Zeit am richtigen Ort zutage treten und schließlich entdeckt werden – am besten von einem verständigen Menschen, der seinen Wert erkennt und es sachgerecht zu bergen und zu konservieren weiß. Kein Wunder also, daß die bisher gefundenen Versteinerungen keine vollständige Kollektion ausgestorbener Lebewesen wiedergeben.

Manche Biologen wie etwa der amerikanische Genetiker Richard Goldschmidt oder der deutsche Paläontologe Otto Schindewolf haben das Fehlen fossiler Übergangsformen allerdings auf andere Weise gedeutet: Ihrer Ansicht nach können wir deshalb keine Bindeglieder finden, weil es gar keine gab. Vielmehr seien Lebewesen mit komplett neuem Körperbau wie etwa die Vögel eben nicht allmählich entstanden, sondern kraft einer einzigen gigantischen »Makromutation«. Belege für diese vorgeschlagenen Makromutationen gibt es nicht, daher wird die Idee einer Evolution in riesigen Sprüngen – man nennt sie auch »Saltationismus«, vom lateinischen Wort für »springen« – von den meisten modernen Biologen abgelehnt. Ihr Argument: Je größer eine Mutation ist, desto geringer ist die Wahrscheinlichkeit, daß die daraus resultierende Veränderung das innere Gefüge eines Lebewesens verbessern kann. Statt dessen wird jeder zu große Eingriff das wohl abgewogene Zusammenspiel von Körperteilen und Organen stören. Umgekehrt sollte es eher einmal vorkommen, daß ein kleiner Eingriff eine bestehende Struktur zum Besseren verändert. Eine große Zahl winziger Verbesserungen würde sich aneinanderfügen, und so ginge die Evolution in kleinen Schritten kontinuierlich ihren Weg. Die Anhänger dieser als »Gradualismus« bekannten Theorie einer gleichmäßigen, allmählichen Veränderung können auf zahlreiche Abwandlungsreihen versteinerter Organismen verweisen.

Solche schrittweisen Veränderungen müssen aber nicht zwangsläufig in gleichbleibender Geschwindigkeit vor sich gehen. Vielmehr können sich Phasen relativ schnellen evolutionären Wandels mit langen Zeiträumen abwechseln, in denen die Evolution nahezu zum Stillstand kommt. Diese Theorie des »Punktualismus« oder der »unterbrochenen Gleichgewichte« – sie wurde 1954 von dem bedeutenden Evolutionsbiologen Ernst Mayr entwickelt und 18 Jahre später von den beiden amerikanischen Paläontologen Niles Eldredge und Stephen Jay Gould erweitert – kommt ebenso wie der Gradualismus ohne die Annahme von Makromutationen aus. Trotzdem kann sie erklären, warum wir gerade von den interessanten Bindegliedern zwischen sehr unterschiedlichen Lebensformen keine Fossilien finden: Denn Neues sollte nach diesem Modell der Evolution zwar schrittweise, aber besonders schnell und in kleinen Populationen entstehen – so schnell und an einem so begrenzten Ort, daß wir äußerst reiche Fossilienfunde bräuchten, um den Wandel zu entdecken.

Der Grund für die schnelle und lokale Evolution wird plausibel, wenn wir uns die Mechanismen der Artbildung (siehe oben ab Seite 41) in Erinnerung bringen: Neue Tier- und Pflanzenarten werden häufig auf Inseln »geboren« oder dort, wo sich zwei ehemals gesondert lebende Rassen einer Art nach dem Wegfall einer trennenden Barriere wieder begegnen und sich im Wettstreit besonders schnell voneinander

Molekulare Uhren

Je näher zwei Organismen miteinander verwandt sind, um so mehr ähnelt sich nicht nur ihr äußerer Bauplan, sondern auch der Aufbau ihrer Eiweißstoffe und Gene. Ein Beispiel: Der rote Blutfarbstoff Hämoglobin, der beim Menschen aus einer Kette von 141 Aminosäuren besteht, trägt beim Pferd an 18 Stellen eine andere Aminosäure, beim Huhn an 35 und beim Karpfen an 65 Stellen. Man kann also molekulare Stammbäume aufstellen, die mit den bereits bekannten Verwandtschaftsbeziehungen gut übereinstimmen. Während die Evolutionsraten körperlicher Merkmale – etwa die Länge bestimmter Knochen – bei verwandten Organismen sehr stark voneinander abweichen können, verändern sich die Moleküle mit einer gewissen Regelmäßigkeit: gleichsam wie eine molekulare Uhr. Diesen Zusammenhang machen sich Biologen zunutze, um die Stammesgeschichte von Lebewesen zu untersuchen, deren systematische Einordnung sich nicht anderweitig erschließen läßt. Anhand bestimmter Moleküle kann man nicht nur das relative Alter verschiedener Lebensformen vergleichen, sondern in begrenztem Umfang auch ihr absolutes Alter abschätzen. Besonders geeignet erwiesen sich *konservative* Moleküle, die aufgrund ihres komplexen Aufbaus und einer lebenswichtigen Funktion nicht beliebig wandelbar sind. Beispiele sind neben dem Hämoglobin das Atmungsenzym *Cytochrom c* oder das molekulare Gerüst bestimmter Kontrollgene. Die Genauigkeit einer absoluten Zeitmessung steht und fällt damit, wie gleichmäßig sich die untersuchten Moleküle im Lauf ihrer Evolution durch Mutationen verändert haben. Doch gerade hier herrscht unter Biologen keine Einigkeit: Während Neutralisten eine konstante Mutationsrate annehmen, glauben Punktualisten, daß sich Proteine durch plötzliche Funktionswechsel sehr schnell verändern, um danach wieder Phasen geringen Wandels durchzumachen.

wegentwickeln. Was für die Entstehung von Arten zutrifft, sollte in gleicher Weise für die Evolution übergeordneter Einheiten wie Familien, Ordnungen oder Klassen gelten. Zwar ähneln sich Saltationisten und Punktualisten in ihrer Überzeugung, daß evolutionäre Neuigkeiten schnell entstanden sind. Während jedoch die einen an große Sprünge durch spezielle Makromutationen glauben, erklären die anderen die schubweise Entwicklung durch viele kleine Schritte, die so rasch stattfanden, daß sie sich nicht in versteinerten Zeugnissen niederschlagen konnten. (Wenn Paläontologen die Worte »rasch«, »plötzlich« oder »blitzschnell« gebrauchen, dann meinen sie damit freilich geologische Zeitmaßstäbe von Zehn- oder Hunderttausenden von Jahren – Dimensionen also, in denen sich durchaus bedeutende Veränderungen zutragen können.)

Neutralismus, Gradualismus und Punktualismus erscheinen auf den ersten Blick als widersprüchliche Deutungen der Evolution, und tatsächlich versäumen die Anhänger der jeweiligen »Schulen« keine Gelegenheit, die Unterschiede ihrer Standpunkte zu betonen. Dem unbefangenen Dritten erscheinen die verschiedenen Positionen dagegen keinesfalls unvereinbar. Sie alle stehen nicht im Widerspruch zu Darwins Evolutionstheorie, sondern tragen zu deren immer detaillierteren Ausformung, Ergänzung und Verbesserung bei. Einige Wissenschaftler glauben, daß auf verschiedenen Stufen der Evolution die zugrundeliegenden Mechanismen unterschiedlich stark zum Tragen kommen. In dem mitunter heftig geführten Streit geht es nicht so sehr um die Natur der Evolutionsmechanismen, als vielmehr um ihre relative Bedeutung. Immerhin stimmen die Vertreter der meisten Lager darin überein, daß die natürliche Selektion der Mechanismus ist, der die Anpassung von Organismen an ihre Umwelt bedingt.

Der Streit unter Experten macht es dem Laien nicht leicht, das Evolutionsgeschehen zu verstehen. Obwohl sich die wich-

tigsten zugrundeliegenden Mechanismen an einer Hand ab-
zählen lassen – Mutation, Rekombination, Drift, Genfluß, Selektion –, führt ihre Kombination und relative Gewichtung
im konkreten Einzelfall zu höchst komplexen Prozessen.
Ebendiese Komplexität macht vielen Naturfreunden zu
schaffen: Es sträubt sich in uns etwas gegen die Vorstellung,
daß so vollendet gebaute Lebewesen wie Vögel durch unzählige Schritte kleinster Abwandlungen letztlich aus einzelligen
Organismen hervorgegangen sein sollen. Ähnliche Schwierigkeiten bereitet uns die Frage, wie sich hochspezialisierte Organe wie zum Beispiel das menschliche Auge aus einfachen
Vorläufern entwickelt haben können. Die Annahme eines
Funktionswandels wie im Falle der Feder hilft hier nicht weiter: Denn wozu sollte ein Auge dienen, wenn nicht zum Sehen? Demnach mußte bereits der Prototyp eines Auges und
ebenso sämtliche darauf aufbauenden Übergangsformen »auf
dem Weg zum Endprodukt« zum Sehen getaugt haben.

Darwin selbst war sich über die Brisanz dieser Folgerung
im klaren: »Wenn gezeigt werden könnte, daß irgendein
komplexes Organ existierte, das unmöglich aus unzähligen
aufeinanderfolgenden geringfügigen Modifikationen gebildet
worden sein könnte, so würde meine ganze Theorie restlos zu-
sammenbrechen.« Ein kurzer Blick auf die vielfältigen Au-
genformen heute lebender Organismen liefert den Beweis,
daß nicht erst das vollständige Wirbeltierauge funktionsfähig
ist, sondern auch weniger »ausgereifte« Vorstufen. So besitzen
schon einige einzellige Tiere eine sehr primitive Sehvorrich-
tung in Form eines lichtempfindlichen Punkts mit dahinter
liegender Pigmentmembran, die eine Hinwendung zum Licht
erlaubt. Verschiedene Würmer und Schalentiere können
schon die Richtung des Lichts bestimmen, weil ihre pigment-
beschichteten lichtempfindlichen Zellen in einer becherför-
migen Grube liegen. Der im Meer lebende *Nautilus* – er ist
ähnlich seinen ausgestorbenen Verwandten, den Ammoniten,

von einer Kalkschale umgeben – hat ein Paar Augen, die wie eine Lochkamera funktionieren: Sie besitzen keine Linse, und die Pupille ist einfach eine Öffnung. *Nautilus* ist der lebende Beweis dafür, daß ein linsenloses Auge funktioniert – und sicherlich besser ist als gar keines. Die heute noch lebenden Verwandten von *Nautilus*, die zehnarmigen Tintenfische und Kraken, haben schließlich Augen mit einer echte Linse, die der des Wirbeltierauges sehr ähnlich ist – mit einigen aufschlußreichen Unterschieden: Die Sehzellen der Tintenfischaugen sind zum Licht hin ausgerichtet, die der Wirbeltieraugen dagegen dem Licht abgewandt. Aus diesen und anderen Abweichungen läßt sich nachzeichnen, daß beispielsweise die Linsenaugen von Kraken und Katzen unabhängig voneinander auf getrennten Wegen entstanden sind – ebenso wie die aus einer großen Zahl einzelner Linsenaugen zusammengesetzten Facettenaugen der Insekten sowie die zahlreichen weiteren Augentypen verschiedenster Tiergruppen.

Experten auf dem Gebiet der Augenforschung unterscheiden neun Grundprinzipien der Bilderzeugung, deren sich das Auge bedient. Vermutlich sind die meisten dieser Prinzipien viele Male unabhängig voneinander durch Evolution entstanden. Dieser Auffassung sind zwar die meisten Evolutionsbiologen, doch es gibt auch gegenteilige Ansichten wie etwa die des Molekularbiologen Walter Gehring von der Universität Basel. Gehring und seine Mitarbeiter entdeckten 1994 bei der Taufliege *Drosophila* ein Gen namens pax-6, das für die Entwicklung der Augen von entscheidender Bedeutung ist: Fliegen, denen das pax-6-Gen fehlt oder aufgrund einer Mutation funktionslos ist, haben keine Augen. Umgekehrt wachsen den Fliegen an Fühlern, Beinen und vielen anderen ungewöhnlichen Körperstellen vollständig intakte Insektenaugen, wenn Gehrings Mitarbeiter das von pax-6 hergestellte Eiweiß in die Fliegenembryonen einspritzen. Pax-6 kontrolliert schätzungsweise 2500 andere Gene, die an der Bildung des Auges beteiligt sind – und zwar nicht nur bei der Taufliege, sondern auch beim Menschen. Wie ähnlich sich die pax-6-Gene von Fliegen und Säugetieren sind, zeigt ein weiteres Experiment Walter Gehrings: Nachdem der Forscher in Fliegenembryonen das entsprechende Gen einer Maus eingepflanzt hatte, entwickelten sich die Maden zu vieläugigen Fliegen.

Der Molekularbiologe Gehring zieht aus seinen bahnbrechenden Entdeckungen den Schluß, daß alle bekannten Augentypen von einem gemeinsamen »Urauge« abstammen. Evolutionsbiologen deuten die Befunde dagegen anders: daß nämlich das Regulatorgen pax-6 ein gemeinsames Erbe verschiedener Tiergruppen darstellt, nicht aber die von ihm kontrollierten Augentypen selbst. Tatsächlich kennen Biologen inzwischen eine Reihe weiterer Steuergene. Welche wichtige Funktion ihnen zukommt, führen uns verschiedene gentechnische Manipulationen an Versuchstieren vor: Da gibt es Mäuse mit nach außen gewölbten Vorderbeinen oder verkürztem Unterleib und fehlenden Zehen. Oder Fliegen mit vier statt zwei Flügeln oder Beinen statt Fühlern am Kopf. Entwicklungsbiologen nennen diese bedauernswerten Kreaturen »hoffnungsvolle Monster«, weil sich aus ihren Mißbildungen der normale Verlauf des Körperwachstums ergründen läßt. Darüber hinaus geben diese »Monster« eine Vorstellung davon, wie die Evolution durch winzige Eingriffe ins genetische Programm sehr große Änderungen bis hin zur Schaffung grundsätzlich neuer Körperbaupläne hervorbringen kann. So bedarf es nur einer ganz gewöhnlichen Mutation innerhalb eines Steuergens – und nicht etwa einer geheimnisvollen »Makromutation« –, um einer Taufliege an beliebiger Stelle vollständig entwickelte Sinnesorgane wie Fühler oder Facettenaugen wachsen zu lassen. Manche dieser Steuergene fanden Molekularbiologen bei so unterschiedlichen Tieren wie Fadenwürmern, Insekten, Schnecken, Fischen, Fröschen, Vögeln und Säugern inklusive des Menschen. Je komplexer der

Organismus ist, desto mehr dieser Regulatorgene finden sich in seinem Erbgut. Bestimmte Abschnitte dieser »Supergene« ähneln sich bei allen Organismengruppen und sind sogar bei Einzellern gefunden worden – ein weiterer überwältigender Fingerzeig auf die gemeinsame Abstammung alles Lebens aus seinen primitivsten Formen.

Die Vielfalt des Lebens

Über den Ursprung der primitivsten Lebensformen und die ältesten Episoden der Evolution lassen sich nur Spekulationen anstellen. Die Erde ist Schätzungen zufolge etwa 4,6 Milliarden Jahre alt und war anfangs so lebensfeindlich wie eine kochende Giftküche. Doch schon früh in ihrer ungeheuer langen Geschichte beheimatete sie Lebewesen: als die noch heiße, flüssige Erdkruste sich allmählich zu verfestigen begann und sich die ältesten uns bekannten Gesteine bildeten. Die frühesten Zeugnisse des Lebens stammen aus Westaustralien und Südafrika: Es sind 3,5 Milliarden Jahre alte Versteinerungen von kugeligen und fädigen Einzellern ohne Zellkern, die heutigen Bakterien ähneln. Es gibt Anhaltspunkte dafür, daß die ältesten Lebewesen lange vor diesen Organismen entstanden, also vielleicht vor fast vier Milliarden Jahren. Woher kamen sie? Die meisten Biologen glauben, daß sie sich aus lebloser Materie entwickelten. Einem hypothetischen Szenario zufolge bildeten sich in der sauerstoffarmen Atmosphäre der jungen Erde von selbst kleine organische Moleküle, die sich zu langen Ketten verknüpften; aus diesen Makromolekülen entstanden kugelförmige Gebilde, die sich selbst vermehren konnten. Im Labor läßt sich das Geschehen teilweise nachvollziehen: Mit der Energie künstlich erzeugter Feuerblitze bilden sich in einem einfachen Gasgemisch aus Wasserdampf, Wasserstoff,

Methan und Ammoniak – also unter ähnlichen Bedingungen wie denen der Uratmosphäre – ganz von alleine alle wichtigen Bestandteile lebender Zellen: verschiedene Zucker und Fette, ferner alle zwanzig Aminosäuren, aus denen sich die Eiweiße zusammensetzen, sowie die Bausteine der sogenannten Kernsäuren, aus denen die Erbmoleküle DNS und RNS bestehen. Demnach könnten sich im Verlauf einer »chemischen Evolution« die Bausteine des Lebens in einer »Ursuppe« von selbst angesammelt haben. Solche organischen Verbindungen schließen sich im Labor spontan zu winzigen Hohlkugeln zusammen, die wachsen und sich teilen, Ableger freisetzen, Substanzen in sich anreichern und Energie speichern. Ähnliche Eigenschaften mögen auch die »Protobionten« besessen haben, die Vorläufer der lebenden Zellen.

Was Chemikern ohne weiteres mit Bunsenbrenner und Kolben gelingt, sollte sich wohl mit Leichtigkeit auch auf der jungen Erde abgespielt haben, wo es Milliarden »chemische Labors« unterschiedlichster Ausstattung gab: Pfützen und Wasserlöcher, Teiche und Gezeitentümpel voller Chemikalien sowie Tonkügelchen und Pyritkristalle mit ihren reaktionsfördernden feuchten Oberflächen. In feuchten Sedimenten, seichtem Wasser oder aber auf dem vor Meteoriten und Kometen besser geschützten Meeresgrund und im mehrere Kilometer weit im Erdinneren verborgenen Tiefengestein konnten sich innerhalb von mehreren hundert Jahrmillionen wohl verschiedenste Typen von Protobionten entwickeln, die miteinander um die Nährstoffe der Ursuppe konkurrierten. Sicherlich gab es unter ihnen Formen, die sich besser in ihrer Umwelt bewährten als andere; um aus ihren Eigenschaften aber einen Nutzen zu ziehen und als »Sieger« aus dem Wettkampf hervorzugehen, mußten sie sich freilich vermehren und ihre Fähigkeiten an nachfolgende Generationen weitergeben. Es bedurfte also eines Systems der Vererbung, das nicht nur die Informationen aller Lebensfunktionen speicherte, sondern auch die Anleitung für seine eigene Herstellung und Vermehrung. Das genetische System aller heutigen Lebewesen erfüllt diese Voraussetzungen: Ihre Körperbausteine in Form von Proteinen entstehen mit Hilfe der Kernsäure RNS nach Anleitung der chemisch sehr ähnlichen DNS. Doch für die Entschlüsselung und Verdopplung von RNS und DNS sorgen spezielle Proteine – die selbst wiederum nur mit Hilfe ebenjener Kernsäuren entstehen können. Sogleich stellt sich die Frage, welche Substanzgruppe zuerst da war und wie sich ihr kompliziertes Zusammenspiel mit den anderen Stoffgruppen entwickelt hat, was eine Evolution erst ermöglichen konnte. Dieses »Henne-oder-Ei-Problem« haben Biologen noch nicht gelöst, doch eine Reihe von Beobachtungen deutet darauf hin, daß eine Komponente, nämlich die RNS, sich selbst fortpflanzen und zugleich Aminosäuren zu Proteinen verketten kann.

Laborsimulationen können freilich nicht beweisen, daß das Leben auf der jungen Erde tatsächlich durch eine chemische Evolution von selbst entstanden ist. Immerhin legen sie nahe, daß es innerhalb der uns bekannten naturwissenschaftlichen Rahmenbedingungen und ohne das Wirken übernatürlicher Kräfte so passiert sein könnte – sei es auf der Erde oder anderswo im Weltall. Wie und wo genau sich die ersten vermehrungsfähigen Protobionten aus chemischen Substanzen entwickelten, ist jedoch ebenso unklar wie die noch kompliziertere Frage, wie aus diesen Protobionten die ersten lebenden Zellen mit genetischem Programm hervorgingen. Nur über eines scheint unter Biologen Einigkeit zu herrschen: daß nämlich alle heute lebenden Reiche des Lebens von urtümlichen Einzellern abstammen, die den heutigen Bakterien ähnlich waren.

Doch schon die Einteilung in Reiche – die höchste, umfassendste Kategorie einer systematischen Ordnung der Lebewesen – bereitet Schwierigkeiten. Carl von Linné verteilte alle bekannten Lebensformen auf zwei Reiche, das der Tiere und das der Pflanzen – eine Vorstellung, die auch unter heutigen Menschen weit verbreitet ist. Vor dreißig Jahren schlug der amerikanische Ökologe Robert H. Whittaker ein System aus fünf Reichen vor: Die Bakterien, Archaebakterien und die früher als Blaualgen bezeichneten Cyanobakterien – sie alle besitzen weder Organellen noch Zellkern und heißen daher »Prokaryonten« (vom griechischen »pro« für »vorher« und »karyon« für Kern) – werden von allen anderen Organismen abgeteilt und zum eigenständigen Reich der »Monera« zusammengefaßt. Diese Prokaryonten oder Monera werden den vier Reichen der »Eukaryonten« (die mit echtem Kern) gegenübergestellt, deren Zellen etwa zehnmal so groß sind wie die der Prokaryonten und die einen membranumhüllten Kern sowie weitere von Membranen abgetrennte Bereiche enthalten. Zu ihnen zählen die Tiere, Pflanzen und Pilze sowie kernhaltige Einzeller.

Einige Systematiker halten die Unterteilung in acht statt fünf Reiche für sinnvoller. Innerhalb der Monera unterscheiden sich die Archaebakterien in vielen Eigenschaften grundsätzlich von den »echten« oder »Eu-Bakterien« und ähneln stärker den Eukaryonten. Und innerhalb der Einzeller gibt es eine Fülle unterschiedlicher Gruppen, die in wichtigen Eigenschaften voneinander abweichen. Zwar sind diese Fünf- oder Acht-Reiche-Systeme künstliche Einteilungsschemata, doch spiegeln sie nach heutigem Wissen am besten die entwicklungsgeschichtlichen Verwandtschaftsbeziehungen aller Lebensformen wider.

Die ersten Lebewesen waren Prokaryonten – und sie blieben mindestens zwei Milliarden Jahre lang die einzigen. Bakterien und Archaebakterien existieren auch heute noch in einer so enormen Zahl und Artenvielfalt, daß man sie von allen Reichen die erfolgreichsten nennen kann: In einer Handvoll Erde oder in unserem Mund gibt es mehr von ihnen, als jemals Menschen auf der Erde gelebt haben. Einige Prokaryonten kommen im Eis vor, manche in kochendem Wasser, und nicht wenige leben in anderen Lebewesen. Ohne die Hilfe spezieller Bakterien würden Termiten kein Holz zersetzen, Kühe kein Gras verdauen und wir Menschen keine B- und K-Vitamine herstellen können. Die Beispiele zeigen, wie eng die fünf Organismenreiche miteinander verflochten sind – eine Tatsache, die uns zu einem bisher nicht erwähnten, völlig neuen Mechanismus der Evolution führt. Denn das enge Zusammenwirken grundverschiedener Lebensformen ermöglichte einen der folgenreichsten großen Schritte in der Entfaltung des Lebens.

Eine Reihe von überzeugenden Hinweisen spricht dafür, daß vor etwa zwei Milliarden Jahren verschiedene prokaryonte Zellen mit primitiven kernhaltigen Zellen dauerhaft verschmolzen sind und den neuen Zelltyp der Eukaryonten bildeten, aus dem eine Vielzahl von Einzellern sowie alle höheren Organismen wie Pilze, Pflanzen und Tiere bestehen. Während ihres langen Zusammenlebens mit der »Wirtszelle« verloren die Bakterien ihre Eigenständigkeit und verwandelten sich zu Organellen, die in der Zelle spezielle Funktionen erfüllen wie Organe in einem Körper: Erst wurden sauerstoffverwertende Bakterien zu den Mitochondrien, die in jeder kernhaltigen Zelle vorhanden sind und sie mit Energie versorgen; später verwandelten sich blaugrüne Bakterien zu Chloroplasten, die alle grünen Pflanzen zur Photosynthese befähigen. Diese »Endosymbiontenhypothese« (vom griechischen »endo« für innen und »symbio« für Zusammenleben) wurde Anfang der siebziger Jahre von der amerikanischen Biologin Lynn Margulis entwickelt und ist heute von ihren Fachkollegen allgemein anerkannt.

Die ersten eukaryonten Abkömmlinge dieser Symbiose, die »Protisten«, gab es mindestens eine Milliarde Jahre, bevor vielzellige Pflanzen, Pilze und Tiere entstanden. Demnach war die Erde fünf Sechstel der Zeit seit der Entstehung des Lebens ausschließlich von (pro- und eukaryonten) Einzellern bewohnt. 1992 wurden die ältesten Fossilien von Protisten in 2,1 Milliarden Jahre alten Gesteinen in Nordamerika entdeckt. Seither hat die Evolution eine enorme Vielfalt dieser Lebensformen hervorgebracht: Sie sind so unterschiedlich in ihrem Aufbau, ihren ökologischen Besonderheiten, ihrer Fortpflanzung und Vermehrung, daß es nur wenige Merkmale gibt, die ihnen allen ohne Ausnahme eigen sind. Das gilt auch für die heute noch lebenden Protisten, zu denen unter anderen die Geißel- und Wimperntierchen, Schleimpilze und Amöben sowie die verschiedenen Algengruppen zählen. Protisten sind überall dort, wo es Wasser gibt; einige von ihnen verursachen schwere Krankheiten wie etwa der Malariaerreger *Plasmodium*. Die meisten von ihnen bestehen aus nur einer Zelle, die jedoch meist komplexer aufgebaut ist als die der Vielzeller.

Einige Protisten wachsen zu vielzelligen pflanzenähnlichen Gebilden wie etwa dem zu den Braunalgen zählenden Riesentang, andere bilden Kolonien oder Zellverbände. Vermutlich waren es solche Zusammenschlüsse individueller Zellen, aus denen vielzellige Lebewesen entstanden – und zwar wohl viele Male unabhängig voneinander, wie die in wesentlichen Eigenschaften voneinander verschiedenen Kiesel-, Gold-, Braun-, Rot- und Grünalgen ahnen lassen. Sobald es die ersten Vielzeller gab, begann sich eine immense Vielfalt an Lebensformen zu bilden. Die Zellen eines Organismus übernahmen jeweils verschiedene Aufgaben und spezialisierten sich im Zuge dieser Arbeitsteilung auf Fortpflanzung, Bewegung, Nahrungsaufnahme, Sinneswahrnehmung und all die anderen Lebensfunktionen komplexer vielzelliger Organismen.

In 700 Millionen Jahre alten Gesteinsschichten fand man verschiedene tierische Fossilien, und zahllose neue Formen entwickelten sich zu Beginn des Kambriums vor 550 Millionen Jahren. Doch diese ganze Fülle des Lebens tummelte sich im Meer – und zwar während fast neunzig Prozent der langen Zeitspanne, seit der es Leben auf dem »Blauen Planeten« gibt. Erst vor etwa 460 Millionen Jahren entstanden aus einer der zahlreichen Algengruppen – nämlich aus bestimmten Grünalgen – die ersten höheren Pflanzen und »eroberten« das Festland. Fossilfunde belegen, daß es innerhalb der Evolution der Pflanzen vier Hauptperioden gab: Als erste Anpassung an das Landleben bildeten sie eine Hülle zum Schutz vor Austrocknung, daneben entstand Leitgewebe aus röhrenförmigen Zellen, die Wasser und Nährstoffe durch den Pflanzenkörper transportierten. Diese Gefäßpflanzen brachten vor etwa 400 Millionen Jahren eine sehr große Zahl von Arten hervor, die sich in den verschiedensten Lebensräumen niederließen. Vierzig Millionen Jahre später entwickelten sich dann die ersten Samen, die den Embryonen der Pflanzen einen besseren Schutz vor Austrocknung boten und ihre Ausbreitung vorantrieben. Aus diesen ersten Samenpflanzen entstanden die heute noch verbreiteten Nadelhölzer und andere Nacktsamer, die vor 200 Millionen Jahren zusammen mit Schachtelhalmen, Bärlappen und Farnen das Landschaftsbild bestimmten. Vor 130 Millionen Jahren tauchten schließlich die Blütenpflanzen auf, die ihre Samen mit einem schützenden Fruchtknoten umhüllten. Von diesen bedecktsamigen Pflanzen gibt es heute über 300mal mehr Arten als von den einfacher aufgebauten Nacktsamern. Bei den meisten von ihnen übernehmen Insekten oder andere Tiere die Befruchtung der weiblichen Geschlechtsorgane mit den männlichen Pollen. Dies ist nur möglich, weil während der Evolution der Pflanzen gleichzeitig auch die Tiere entstanden und eine enorme Formenfülle hervorbrachten.

Vermutlich waren schon die ersten landbewohnenden Pflanzen auf ein enges Zusammenleben mit Organismen an-

Die Vielfalt des Lebens

Ära	Periode	Epoche	Jahre	Lebensformen
Känozoikum	Quartär	Pleistozän Pliozän	1,8 Mio	Eiszeitalter, Menschen erscheinen
		Miozän	5 Mio	fortgesetzte Radiation von Säugetieren und bedecktsamigen Pflanzen
	Tertiär	Oligozän Eozän	24 Mio 37 Mio	Menschenaffen entwickeln sich
		Paläozän	58 Mio	neuere Säugetierarten wie Wale und Fledermäuse entstehen
			65 Mio	Dinosaurier sterben aus, adaptive Radiation der Säugetiere
Mesozoikum	Kreide		144 Mio	adaptive Radiation der Blütenpflanzen, erste Vögel,
	Jura			nacktsamige Pflanzen, Land- und Luftsaurier beherrschen das Land
	Trias		213 Mio 248 Mio	Dinosaurier und Meeresreptilien, erste Säugetiere
Paläozoikum	Perm		286 Mio	ausgedehnte Kohlensümpfe, zahlreiche Insekten, erste Reptilien
	Karbon		360 Mio	erste Amphibien und Insekten
	Devon		408 Mio	höhere Pflanzen und Gliederfüßer besiedeln das Land
	Silur		438 Mio	
	Ordovizium		505 Mio	erste Wirbeltiere (kieferlose Fische)
	Kambrium			adaptive Radiation wirbelloser Meerestiere mit Skelett, verschiedene Algen
Präkambrium	Proterozoikum Archaikum		590 Mio 2,5 Mrd 4,6 Mrd	adaptive Radiation wirbelloser Meeres-Weichtiere prokaryotisches Leben (Bakterien und Blaualgen)

Massenaussterben

Weil sich die Welt ständig verändert, ist es unvermeidlich, daß Organismenarten aussterben. Aus den versteinerten Überresten längst verschwundener Lebensformen läßt sich abschätzen, daß in einer Million Jahre im Schnitt zwei bis fünf Organismenfamilien mit jeweils zahlreichen Arten verschwanden. Etwa ein Dutzend Male innerhalb der letzten 700 Millionen Jahre stieg die Vernichtungsrate rapide an und ließ an die zwanzig Familien pro Jahrmillion für immer verschwinden. Zwei dieser globalen Ereignisse waren besonders einschneidend und gaben den Erdzeitaltern ihre Namen: Vor 250 Millionen Jahren starben in weniger als fünf Millionen Jahren über neunzig Prozent der damals existierenden meeresbewohnenden Tierarten sowie 19 der 27 landlebenden Insektenordnungen aus. Dieser enorme Rückgang der Artenzahl, gefolgt von einer explosionsartigen Ausbreitung neuer Lebensformen, markiert den Übergang zwischen Erdaltertum (*Paläozoikum*) und Erdmittelalter (*Mesozoikum*). Dem Massenaussterben könnten radikale Umweltveränderungen zugrunde liegen, die sich durch die Verschmelzung mehrerer Festlandplatten zum Großkontinent Pangäa ergaben. Damals spien die Vulkane des heutigen Sibirien gigantische Mengen an Lava und Asche aus, die das Sonnenlicht zurückhielten und die Erde drastisch abkühlen ließen. Ein Asteroideneinschlag vor 65 Millionen Jahren leitete die Erdneuzeit (*Känozoikum*) ein; ihm fielen mehr als die Hälfte aller Meeresorganismen und zahlreiche Familien landlebender Pflanzen und Tiere zum Opfer, darunter sämtliche Arten der Dinosaurier mit Ausnahme der Vögel. Das Aussterben nimmt großen Einfluß auf die Evolution der überlebenden Arten: So konnten zum Beispiel die Säugetiere, die schon über hundert Millionen Jahre im Schatten der Dinosaurier existierten, erst nach deren Niedergang ihre Vielfalt entwickeln.

derer Reiche angewiesen, die sie mit Nährstoffen belieferten und ihre Ausscheidungen zersetzten. Darauf lassen etwa 400 Millionen Jahre alte Fossilien von Gefäßpflanzen schließen, deren versteinerte Wurzeln von Pilzfäden durchzogen waren. Die ersten Pilze lebten – ebenso wie die ersten Tiere – als kolonienbildende Einzeller im Wasser und ernährten sich von anderen Organismen. In den letzten Jahren fanden Systematiker zwingende Beweise dafür, daß sich Tiere und Pilze aus einem gemeinsamen Vorfahren entwickelten, einem mit Geißeln ausgestatteten Protisten. Vergleicht man nämlich eine Reihe von Eiweißen und Kernsäuren, so erweisen sich die Tiere als enger verwandt mit den Pilzen als jedes dieser beiden Reiche mit den Pflanzen. Wann genau sich ihre Wege trennten, wissen wir nicht. Paläontologen haben auf mehreren Kontinenten 700 Millionen Jahre alte Gesteine des späten Präkambriums entdeckt, die Fossilien von äußerst verschiedenartigen Tieren bewahrt haben. Heute gliedert sich das Tierreich, je nach Auffassung einzelner Systematiker, in 24 bis 36 Stämme, die sich vor allem in Körperbau und Embryonalentwicklung unterscheiden. Die Wirbeltiere – sie gelten uns mit ihren Kröten und Schlangen, Fischen, Vögeln und Säugern als Inbegriff der Tiere schlechthin – umfassen dabei weniger als fünf Prozent der rund 1,5 Millionen beschriebenen Tierarten. Der Großteil aller Tierstämme lebt wie zu Urzeiten im Wasser und ist den meisten Menschen nicht einmal dem Namen nach bekannt.

Gegner und Partner

Kein Mensch weiß, wie viele verschiedene Lebewesen jemals unseren Planeten bewohnten. Aus Fossilfunden schließen Paläontologen, daß an die 99,9 Prozent aller Arten nach einer

Lebenszeit zwischen einigen 100 000 und fünf Millionen Jahren ausgestorben sind. Die Tiere, Pilze, Pflanzen und Mikroben, die heute die Erde bevölkern, stellen somit von der Gesamtheit aller Arten nur einen winzigen Bruchteil dar. Und selbst diesen Bruchteil kann niemand auch nur annähernd genau beziffern. In den sechziger Jahren galt als Standardzahl eine Million Arten. Neuere Schätzungen liegen zwischen dreißig und achtzig Millionen. Tatsächlich gibt es keinen vernünftigen Hinweis darauf, welche Annahme der Wirklichkeit am nächsten kommt. Fest steht nur die Zahl der bis heute wissenschaftlich beschriebenen Arten: Sie beträgt um die 1,45 Millionen.

Warum gibt es so viele verschiedene Organismen? Auf diese Frage können Biologen nur unvollständige Antworten geben. Doch es gibt eine Reihe von Erklärungen, warum die Zahl neuer Lebensformen — unterbrochen durch mehrere Aussterbewellen — im Laufe der Jahrmillionen stets zunahm und immer noch wächst. Einer der wichtigsten Gründe für die Artenvielfalt ist die Mannigfaltigkeit der Lebensräume auf unserer Erde. Die Mechanismen der Evolution erlauben es, daß sich bestehende Lebensformen verändern und Fähigkeiten entwickeln, mit denen sie sich eine neue Existenzgrundlage schaffen können. Die ersten Organismen breiteten sich in den noch unbewohnten Meeren der jungen Erde aus — an den Küstensäumen, am Meeresgrund und im Tiefenwasser der Hochsee. Im Laufe von vier Milliarden Jahren eroberte das Leben erst das Wasser, dann die Erde und schließlich die Luft. Jeder der grundlegend verschiedenen Lebensräume fordert von seinen Bewohnern entsprechende Anpassungen. Wetter und Klima, Temperatur und Lichtverhältnisse, Nährstoffe und Versteckmöglichkeiten sind dabei nur ein Teil der Lebensbedingungen. Einen weiteren wichtigen Teil der Umwelt eines Organismus sind die anderen Organismen um ihn herum: Artgenossen und Feinde, Parasiten, Krankheitskeime und Nahrungslieferanten. Die natürliche Auslese erzwingt von jeder Art, mit allen wichtigen Vorgaben eines Ökosystems zurechtzukommen – also auch mit seinen zahlreichen Mitbewohnern und ihren jeweiligen Eigenschaften.

Was bedeutet es, sich an Geschlechtspartner, Nebenbuhler oder Räuber »anzupassen«? Die Antwort ist nicht einfach und wird um so schwieriger, je mehr Arten in wechselseitige Beziehungen verstrickt sind. In jedem Fall muß der einzelne Organismus seine eigenen Interessen gegen die der anderen durchsetzen oder sie zumindest mit ihnen in Einklang bringen. Dabei gilt oft das Gesetz des Stärkeren – doch das ist nur die halbe Wahrheit. Eine andere Weisheit besagt: Wir sitzen alle im selben Boot und jeder ist in vielerlei Hinsicht auf den anderen angewiesen. Diese Regel gilt keineswegs nur unter Artgenossen. Wie sehr auch die Mitglieder verschiedener Organismenreiche wechselseitiger Unterstützung bedürfen – und sich in ihrer Evolution beeinflussen –, demonstrieren beispielhaft die Blütenpflanzen: Sie brauchen für ihre Bestäubung die Hilfe von Insekten oder anderen Tieren, die sie für ihre unentbehrlichen Dienste mit nahrhaftem Nektar »entlohnen«. Zahlreiche Fossilien weisen darauf hin, daß diese Form von Zusammenarbeit bereits vor rund 120 Millionen Jahren begann und zu sehr speziellen wechselseitigen Anpassungen von Blütenpflanzen und Bestäubern geführt hat. Hier treffen sich die Forschungsgebiete von Ökologie und Evolutionsbiologie, denn die Anpassungen von Lebewesen einer jeden Art werden beständig durch die Veränderungen zahlreicher anderer Arten beeinflußt, die im selben Lebensraum vorkommen. Mit jeder neuen Blüte entsteht eine neue »ökologische Nische«, eine bisher nicht existierende Lebensgrundlage für eine weitere Bestäuberart – ein Prozeß, den man als »Koevolution« bezeichnet.

Unzählige Beispiele zeigen, wie weit diese wechselseitige Abhängigkeit zwischen Organismen gehen kann. Da gibt es eine in Madagaskar wachsende Orchideenart, deren dreißig Zentimeter langer Sporn es nur den Angehörigen einer einzigen Nachtfalterart erlaubt, mit Hilfe ihres ebenso langen Rüssels an den tief in der Blüte verborgenen Pollen zu gelangen. Mit ihren ungewöhnlich langen Freßwerkzeugen halten sich die Schmetterlinge jeden Konkurrenten vom Leib, der ihnen das Futter streitig machen wollte. Eine andere »Strategie« benutzen die ebenfalls zu den Orchideen gehörenden bei uns heimischen Ragwurzarten, um ganz bestimmte Insektenarten als Bestäuber an sich zu binden: Diese sogenannten Täuschblumen ahmen mit ihren Blüten so verblüffend genau die Körperform, Behaarung und sogar den Duft von Hummel- oder Bienenweibchen nach, daß die betreffenden Männchen sie zu begatten versuchen und sich dabei mit Blütenstaub bepudern. Für andere Insektenarten ist in diesem eingespielten Bestäubungsritual kein Platz.

Dieses Prinzip der »Konkurrenzvermeidung« halten Biologen für einen wichtigen Motor für die Koevolution und für die Evolution der Vielfalt überhaupt. Allerdings bringt diese enge wechselseitige Abhängigkeit zweier Partner auch ein erhebliches Risiko mit sich: Wenn nämlich einer von ihnen aufgrund äußerer Einflüsse wie Krankheit oder Nahrungsmangel verkümmert oder stirbt, dann geht es beiden an den Kragen. Darüber hinaus muß jede bedeutende evolutive Veränderung des einen Partners einen entsprechenden Wandel des anderen zur Folge haben, wenn das ausgeklügelte Zusammenspiel weiterhin funktionieren soll. Die Koevolution derart komplexer Systeme könnte – ähnlich wie die Entwicklung der Vogelfedern – über Zwischenstufen erfolgt sein, die einen Funktionswandel durchmachten. Eine heute noch vorkommende tropische Orchideenart demonstriert, wie solche Zwischenstufen ausgesehen haben könnten: Die Orchideenblüte verströmt einen Duft, der männliche Bienen zu Begattungsversuchen stimuliert, obwohl die Blütenblätter den Bienenweibchen überhaupt nicht ähnlich sehen. Weder Pflanze noch Insekt profitieren von dieser offenbar zufällig entstandenen Anlockung der Bienenmännchen, denn es kommt dabei nicht zur Bestäubung. Dennoch scheint es so, als sei »der Weg frei« für die Entwicklung einer Zusammenarbeit ähnlich der zwischen Bienen und Bienenragwurz.

Die meisten koevolutiven Beziehungen innerhalb eines Ökosystems umfassen mehr als zwei Arten, die sich entweder zum gegenseitigen Nutzen aneinander anpassen oder aber in einer Art »Wettrüsten« immer neue »Waffen« aufeinander richten. Wie verwickelt die wechselseitigen Anpassungen und Gegenanpassungen sein können, zeigt das folgende Beispiel: Passionsblumen der Gattung *Passiflora* schützen ihre jungen Blätter und Sprosse durch Giftstoffe vor pflanzenfressenden Insekten. Den Schmetterlingsraupen der Gattung *Helicornis* machen die Abwehrstoffe jedoch nichts aus. Weil sie diese Unempfindlichkeit nur mit wenigen anderen Insektenarten teilen, ernähren sich die *Helicornis*-Raupen ausschließlich von Passionsblumen. Konkurrenz droht indes auch von den eigenen Artgenossen, denn jede Pflanze bietet nur einer begrenzten Anzahl von Raupen Nahrung. Macht ein Schmetterlingsweibchen die leuchtendgelben Eier eines anderen Weibchens auf einer Passionsblume aus, dann sucht es sich für ihren eigenen Nachwuchs eine noch nicht besetzte Futterpflanze. Einige *Passiflora*-Arten besitzen an ihren Blättern auffällig gelbgefärbte Höcker, die fast wie *Helicornis*-Eier aussehen. Vermutlich täuscht dieses Merkmal den Schmetterlingen die Anwesenheit von Artgenossen vor, denn es hält sie von der Eiablage ab. Doch damit nicht genug: Die gelben Höcker locken mit süßen Sekreten Ameisen und Wespen an, die sich von Eiern und Raupen der *Helicornis*-Schmetterlinge ernähren und als Schädlingsvertilger ihren Beitrag zum Wohl der Bäume leisten.

Demnach trägt eine Vielzahl verschiedener selektiver Kräfte zur Evolution dieses und ähnlicher komplizierter Systeme von Fressen und Gefressen-Werden bei. Dabei wird eines der wichtigsten Prinzipien der Evolution offensichtlich: Vielfalt erzeugt weitere Vielfalt. Denn je abwechslungsreicher ein Lebensraum strukturiert ist und je mehr verschiedene Organismen nebeneinander existieren, desto leichter werden weitere Arten ihren Platz finden. Es wird mehr verschiedene Räuber geben, je größer die Auswahl unter den Pflanzenfressern ist und deren Vielfalt hängt wiederum vom Artenreichtum ihrer Futterpflanzen ab. Ob sich eine neue Lebensform einen Platz innerhalb der bestehenden Artengemeinschaft sichern kann, darüber entscheidet letztlich die natürliche Selektion. Doch die Triebfeder für die Vermehrung der Artenvielfalt sind zwei gegensätzliche Prinzipien: Konkurrenz und Kooperation. Welche der beiden Kräfte die einflußreichere ist, läßt sich wohl nur selten entscheiden. Beide Prinzipien wirken auf allen Ebenen der belebten Welt — unter den Mitgliedern eines Ökosystems, innerhalb von Artgenossen sowie zwischen den einzelnen Organen und Zellen. Sogar im Inneren von Zellen gibt es Konkurrenz und Kooperation: zwischen wetteifernden Genen, die dennoch zueinander passen müssen, um eine gesunde Entwicklung des sie »bewirtenden« Körpers zu gewährleisten. Und zwischen kernhaltigen Zellen und ihren Mitochondrien und Chloroplasten — jenen kraft- und energiespendenden Organellen, die vor etwa zwei Milliarden Jahren aus symbiontisch lebenden Einzellern hervorgingen und seither so fest in den Stoffwechsel aller höheren Zellen integriert sind, daß Biologen ihre wahre Natur erst vor knapp dreißig Jahren erkannt haben.

Ähnlich enge Symbiosen, bei denen jeder Partner vom anderen abhängt und zugleich profitiert, gibt es zwischen Vertretern aller fünf Organismenreiche. Sämtliche Flechten — man schätzt die Zahl ihrer Arten auf 25 000 — sind das Ergebnis einer Allianz zwischen Grünalgen oder Cyanobakterien, die ihren »hausgemachten« Zucker mit einem Pilz teilen,

Konkurrenz

Zwei Arten mit genau gleichen Bedürfnissen können nicht im selben Lebensraum vorkommen – das läßt sich mittels mathematischer Modelle zeigen. Über kurz oder lang würde eine der beiden die Futterquellen oder Baumaterialien, Brutplätze oder Verstecke – kurz: die vorhandenen Ressourcen – wirkungsvoller nutzen, sich besser fortpflanzen, und schließlich die andere Art verdrängen oder gar auslöschen. Dieses *Konkurrenzausschluß-Prinzip* läßt sich durch Laborversuche mit verschiedenen Tier- und Pflanzenarten untermauern. Ob es auch bei freilebenden Populationen wirkt, ist nicht so einfach zu beweisen, wie man zunächst annehmen möchte. Falls nämlich Konkurrenz in der Natur wirklich eine große Rolle spielt, dann sollte sie sich selbst abschaffen und folglich nicht sichtbar sein. Denn es gibt nur zwei Möglichkeiten, wie sich Konkurrenz zwischen zwei Arten mit denselben ökologischen Ansprüchen auswirken kann. Die unterlegene Art stirbt aus oder ändert ihre Bedürfnisse. In beiden Fällen verschwindet die für diesen Prozeß maßgebliche Konkurrenz. Dennoch gibt es Hinweise darauf, daß natürliche Lebensgemeinschaften stark von Konkurrenz geprägt sind. So nehmen ähnliche Arten meist unterschiedliche ökologische Nischen ein, das heißt, sie nutzen eine oder mehrere Ressourcen in etwas veränderter Weise. Zum Beispiel haben sich die auf einigen Galápagos-Inseln gemeinsam lebenden Mittleren und Kleinen Grundfinken auf das Knacken verschieden großer Samen spezialisiert. Auf manchen Inseln kommt aber nur einer der beiden Grundfinken vor; dort zeigen die Vögel keine Vorlieben, sondern fressen jeweils ähnlich große Samen. Dieses Phänomen der *Merkmalsverschiebung* ist auch von zahlreichen anderen Tier- und Pflanzenarten bekannt, die in einigen Regionen einzeln und in anderen gemeinsam vorkommen.

der seine Futterlieferanten im Gegenzug vor Austrocknung schützt. Ebenso versorgen auch höhere Pflanzen wie Gräser und Bäume bestimmte Pilze – darunter die meisten Speisepilze – mit Nährstoffen und erhalten im Austausch Wasser und Mineralien. Ein einziger großer Baum kann in seinem Wurzelraum Symbiosen, sogenannte Mykorrhizen, mit mehreren hundert verschiedenen Pilzarten bilden. Schmetterlingsblütler wie Klee, Lupine und Luzerne beziehen nahrhafte Stickstoffverbindungen von symbiontischen Bakterien, die in eigens dafür angelegten Wurzelknöllchen leben. Zahlreiche Ameisenarten nehmen die Raupen bestimmter Schmetterlinge, statt sie einfach aufzufressen, in ihre Nester auf oder verteidigen sie gegen feindliche Schlupfwespen – ein lebensrettender Dienst, den die Raupen ihren Beschützern mit speziell für sie hergestellten zucker- und eiweißhaltigen Drüsenaussonderungen vergelten.

All diese exotisch anmutenden komplexen Lebensgemeinschaften sind Beispiele für eine gelungene Zusammenarbeit verschiedener Organismen zum beiderseitigen Nutzen. Kooperation läßt sich freilich auch unter Artgenossen finden: Storcheneltern wechseln sich bei der Aufzucht ihrer Jungen ab, Nacktmulle graben gemeinsam im harten Wüstenboden nach freßbaren Wurzelknollen, junge Graufischer oder Bienenfresser helfen ihren Eltern bei der Aufzucht jüngerer Geschwister, und Murmeltiere warnen ihresgleichen mit schrillen Pfiffen vor drohender Gefahr. Während sich das Verhalten von Störchen und Nacktmullen leicht einsehen läßt – die Vogeleltern sind gleichermaßen am Gedeihen ihrer Brut interessiert und die Wüstennager überleben in ihrer kargen Heimat nur mit vereinten Anstrengungen – ist die Hilfe unter Geschwistern und der Warnpfiff des Murmeltiers eine echte Herausforderung für die Evolutionstheorie. Denn warum sollte ein geschlechtsreifer Vogel auf eigene Junge verzichten, um den Nachwuchs seiner eigenen Eltern durchzufüttern?

Wechselseitige Unterstützung kommt allen Beteiligten zugute.

Und riskiert nicht der pfeifende Wächter, selbst als erster von einem Raubtier entdeckt und verschlungen zu werden? Wie lassen sich derart »selbstlose« (altruistische) Verhaltensweisen – und überhaupt jegliches »soziale« Verhalten – mit den unerbittlichen Regeln der natürlichen Auslese vereinbaren? Man möchte doch meinen, es seien besonders diejenigen Individuen im Kampf ums Dasein begünstigt, die sich – bedingt durch ihre Erbanlagen – nur um das eigene Wohl und das ihrer Jungen kümmern. Denn diese Egoisten hätten ohne Frage mehr Nachkommen als die Altruisten, und so sollte ihr eigennütziges Verhalten – vorausgesetzt, es ist erblich – im Laufe der Evolution die »soziale Ader« ihrer Artgenossen verdrängen.

Mehrere Denkansätze liefern einen Ausweg aus diesem Dilemma. Sie alle versuchen zu belegen, daß scheinbar selbstloses Verhalten letztlich zutiefst egoistisch ist: Tiere, die sich für ihre Artgenossen einsetzen, haben mehr Erfolg (in Form von Nachkommen) als unsoziale oder aggressive Eigenbrödler. Anfang der sechziger Jahre stellte William Hamilton sein Konzept der »Verwandtenselektion« vor. Es geht davon aus, daß die natürliche Auslese all jene Eigenschaften begünstigt, die ihrem Träger zur Verbreitung seiner Gene verhelfen – und die finden sich nicht nur in seinen eigenen Jungen, sondern mit hoher Wahrscheinlichkeit auch in seinen nächsten Verwandten. Denn Geschwister erhalten ihre Erbmasse ja von denselben Eltern, und selbst Neffen und Enkelkinder haben mit ihren Großeltern und Tanten im Durchschnitt etwa ein Viertel ihrer Gene gemein. Falls also ein Individuum keine eigenen Kinder bekommen kann – etwa wegen Mangels an Paarungspartnern oder Nistplätzen –, fährt es allemal besser damit, der Verwandtschaft zu helfen und so seine »Gesamtfitness« zu steigern. Die Warnrufe der Murmeltiere lassen sich mit dem Konzept der Gesamtfitness ebenso erklären wie die von vielen Vögeln und Säugetieren praktizierte gemeinsame Jungenaufzucht. Mit Hamiltons Konzept gelang es dem Ökologen Edward O. Wilson, sogar die komplexe Organisation staatenbildender Insekten und ihre Evolution einsichtig zu machen: Ein besonderer Mechanismus der Geschlechterbestimmung führt bei Ameisen und Bienen dazu, daß die Verwandtschaftsverhältnisse unter Geschwistern um einiges komplizierter sind als zum Beispiel bei Säugetieren. Arbeiterinnen haben mit ihren Schwestern im Durchschnitt 75 Prozent ihrer Gene gemein, wohingegen sie mit ihrer Mutter (der Königin) nur etwa fünfzig Prozent der Erbmasse teilen. Unter diesen Voraussetzungen wird verständlich, warum die (unfruchtbaren) Arbeiterinnen ihre gesamte Kraft dafür einsetzen, die Brut der Königin – also ihre eigenen Schwestern – großzuziehen: Sie vermehren durch dieses uneigennützig anmutende Verhalten ihre Gene in stärkerem Umfang, als es ihnen durch die Aufzucht eigener Nachkommen möglich wäre.

Mit seinen Forschungen an Ameisen begründete Wilson 1975 die Theorie der »Soziobiologie«, die das Sozialverhalten von Tieren – und Menschen – als Resultat evolutionärer Prozesse erklärt. Der neue Denkansatz inspirierte den britischen Zoologen Richard Dawkins zu einer provokanten These: Seiner Meinung nach dient soziales Verhalten – ja jegliches Verhalten eines Tieres sowie dessen Existenz an sich – lediglich dazu, das Überleben seiner »egoistischen Gene« zu garantieren. Gemäß dieser Sichtweise sollte sich kooperatives Verhalten auch unter nicht verwandten Individuen entwickeln – aus dem einfachen Grund, weil sich Zusammenarbeit auf lange Sicht »bezahlt« macht. Nach dem Motto »Wie Du mir, so ich Dir« – eine Strategie, die Biologen als »reziproken Altruismus« oder etwas flapsig auch als »Tit-for-tat« bezeichnen – erweisen sich viele in Sozialverbänden lebende Tiere gegenseitige Dienste. Sie sind dadurch erfolgreicher und haben mehr Nachkommen als kompromißlose Egoisten. Ein Beispiel: Vampirfledermäuse müssen jede Nacht Blut von Rindern oder kleineren Säugetieren trinken, um zu überleben. Geht ein Vampirweibchen auch nur eine Nacht leer aus, ist es arg geschwächt; zwei Hungernächte hintereinander überleben die wenigsten.

Daß es gar nicht erst so weit kommt, dafür sorgen nicht nur ihre Schwestern, sondern auch »Freundinnen« – nicht verwandte, aber vertraute Weibchen, die sich zur Jungenaufzucht in »Mutter-Kind-Gruppen« zusammenschließen: Sie würgen Blut aus ihrem Magen hoch und geben der hungernden Gefährtin von ihrer Mahlzeit ab – allerdings nur, wenn ihnen die Notleidende als hilfsbereite Babysitterin und Blutspenderin in Erinnerung ist.

Wie aber wird sichergestellt, daß keine der Beteiligten das hilfreiche Verhalten der anderen ausnutzt? Mit diesem Problem beschäftigt sich die »Spieltheorie«, deren Modelle von den Evolutionsforschern Richard Lewontin und John Maynard Smith in die Biologie eingeführt wurden. Bluffen und Passen – die wichtigsten Elemente beim Poker und ähnlichen Spielen – können in der freien Natur über Leben und Tod entscheiden, denn der Übergang von harmlosen Spielereien zu tödlichen Auseinandersetzungen ist fließend. Tiere müssen oft sehr schnell entscheiden, welche von zwei oder mehr möglichen Verhaltensweisen in einem Interessenskonflikt mit Artgenossen eher zum Erfolg führt. Sollen sie eine Auseinandersetzung um Reviere, Futter oder Geschlechtspartner eskalieren lassen oder lieber klein beigeben? In den meisten Fällen bringt ein Rückzug nach verhaltenem Kräftemessen mehr als ein Streit, der beide Kontrahenten schwächt. Daher gibt es bei Kämpfen unter Artgenossen oft gewisse Hemmschwellen, die von den Gegnern nicht überschritten werden. Statt einander mit Zähnen und Klauen zu zerfleischen, starren sich die Widersacher oft bloß grimmig an, plustern sich auf oder zeigen ihre Waffen, ohne sich ernsthaft zu verletzen.

Fitnessgewinn durch Verwandtenselektion, wechselseitige Hilfsbereitschaft, optimale Spielstrategie oder gar verdeckter Eigennutz: Welches Denkmodell das Sozialverhalten einer bestimmten Tierart am besten erklärt, läßt sich im konkreten Fall nicht immer leicht entscheiden. Häufig liefern mehrere Konzepte plausible Deutungen für ein bestimmtes Sozialverhalten, so zum Beispiel für die kooperative Jungenaufzucht, die bei mindestens 200 Vogelarten regelmäßig vorkommt. Wie viele Vögel einer bestimmten Art sich als sogenannte Helfer bei anderen Brutpaaren engagieren, hängt unter anderem von den Umweltbedingungen ab. Am Naivashasee in Kenia ziehen etwa zwei Drittel aller Graufischerpaare ihre Jungen alleine auf, die restlichen Brutpaare werden von einem oder mehreren Helfern unterstützt; am rauheren Victoriasee dagegen, wo die Vögel zum Fischen mehr Zeit und Energie aufwenden müssen, ist das Verhältnis umgekehrt. Unter dieser großen Zahl von Helfern sind sowohl ältere Geschwister als auch Vögel, die nicht mit den Brutpaaren verwandt sind. Während Geschwister durch ihren Einsatz gemäß Hamiltons Modell ihre Gesamtfitness erhöhen, greift dieser Denkansatz bei den übrigen Helfern ebenso ins Leere wie das Konzept des gegenseitigen Aushelfens. Dennoch handeln auch jene Graufischer nicht aus purer »Nächstenliebe«, die genetisch nicht näher verwandte Vögel unterstützen. Vielmehr entpuppt sich ihr Engagement bei genauerem Hinsehen als ausgesprochen egoistisch: Denn jedem zweiten der vermeintlich uneigennützigen Helfer gelingt es, im darauffolgenden Jahr das brütende Männchen zu vertreiben und mit dessen Partnerin eigenen Nachwuchs zu zeugen.

Das Beispiel der Graufischer zeigt, wie nahe Kooperation und Konkurrenz beisammen liegen. Das Prinzip Eigennutz zieht sich wie ein roter Faden durch die Evolution des Lebendigen: von den ersten vermehrungsfähigen Molekülen über alle Stadien des Lebens bis zu den komplexen Sozialverbänden vielzelliger Tiere. Wo immer sich selbständige Lebensformen zu einem größeren Ganzen zusammenschlossen, sicherten sie damit den Fortbestand der sie bestimmenden Erbinformation. Durch eine Reihe solcher Zusammenschlüsse wuchs die Komplexität der Lebensformen: Sich selbst vermehrende Kettenmoleküle bildeten die ersten Zellen; mehrere Zelltypen verschmolzen zu höheren kernhaltigen Zellen; Einzellern folgten Vielzeller; und aus ungeschlechtlichen Individuen entwickelten sich geschlechtliche Wesen, die sich nur als Teil einer Population fortpflanzen können oder ihr Erbgut sogar nur indirekt weitervererben wie die Arbeiterinnen der staatenbildenden Insekten. Trotz dieser beeindruckenden Höherentwicklung halten Biologen nichts von der Idee eines »Fortschritts« in der Evolution. Denn zum einen steckt hinter den Prozessen weder Plan noch Ziel, zum anderen sind die komplexen Wesen den einfachen nicht überlegen. Erscheint im Verlauf der Evolution eine neue Eigenschaft, so ersetzen seine Träger keineswegs jene Organismen, welche die ursprünglichen Eigenschaften beibehalten: Bakterien sind zahlenmäßig die Herrscher der Erde und dringen in Lebensräume vor, die jedem Eukaryonten verwehrt sind. Zwar schuf das Aussterben bestehender Organismenarten die Voraussetzung für neue »Erfindungen«. Umgekehrt aber gelingt es den neuen »Modellen« in der Regel nicht, ihre stammesgeschichtlichen Vorfahren zu verdrängen. Während sich der *Homo sapiens* in wenigen Jahrmillionen aus menschenaffenartigen Baumbewohnern entwickelte, haben sich Pfeilschwanzkrebse, Quastenflosser oder Krokodile in den mehreren hundert Millionen Jahren ihrer Existenz nur wenig verändert. Es gibt keine Stufenleiter der Natur, auf der die Organismen emporsteigen. Gleich einem Busch wächst das Leben zugleich nach oben und unten und nach allen Seiten; alte und junge Triebe verflechten sich zu unteilbarem Dickicht; sterbende Äste schaffen Licht und Raum für neues Grün; *jede* Knospe sitzt an einer Spitze.

Der dritte Schimpanse

»Licht wird auch fallen auf den Menschen und seine Geschichte.« So vorsichtig äußerte sich Charles Darwin in den Schlußbemerkungen der ›Entstehung der Arten‹ über die weitreichenden Konsequenzen seiner Abstammungslehre. Was Darwin nicht auszusprechen wagte, machten wenige Jahre später seine Anhänger deutlich: Die Zoologen Ernst Haeckel und Thomas Huxley wiesen schlüssig nach, daß sich der Mensch aus einem affenähnlichen Vorfahren entwickelt haben mußte, und fügten so unsere Art in den Stammbaum des Tierreiches ein. Zwar erkannte schon im 2. Jahrhundert nach unserer Zeitrechnung der griechische Arzt Galen, daß der Mensch dem Affen »von den Eingeweiden, den Muskeln, Arterien, Venen, Nerven und der Skelettform her am stärksten ähnelt«. Dennoch hatten die Philosophen aller Zeiten – so unterschiedlich ihre Ansichten auch sein mochten –, ebenso wie das einfache Volk, den Menschen als ein Geschöpf Gottes betrachtet, das sich von allen anderen Lebewesen abhob. Kein Wunder also, daß auch den meisten von Darwins Zeitgenossen die Vorstellung einer gemeinsamen Stammesgeschichte von Affen und Menschen absurd erschien.

Tatsächlich aber ist die Kluft zwischen dem »weisen Menschen« *Homo sapiens* und den Menschenaffen (Schimpansen, Bonobos, Gorillas und Orang-Utans) viel geringer, als man noch vor kurzem dachte: Molekulargenetische Untersuchungen zeigen, daß 98,4 Prozent unseres Erbmaterials mit dem der beiden Schimpansenarten – dem gewöhnlichen Schimpansen *Pan troglodytes* und dem Zwergschimpansen oder Bonobo *Pan paniscus* – identisch ist. Der genetische Abstand zwischen uns und unseren »haarigen Vettern« beträgt demnach nur 1,6 Prozent – und ist damit kaum doppelt so groß wie zwischen den beiden Schimpansenarten (0,7 Prozent) und sogar kleiner als zwischen zwei Gibbonarten (2,2 Prozent). Bezüglich unserer Erbausstattung sind wir also eine »dritte Schimpansenart«. Dennoch unterscheiden wir uns unverkennbar von den Menschenaffen und allen anderen Tieren: Wir können sprechen, schreiben und komplizierte Maschinen bauen; wir drehen Filme, musizieren und machen Witze; viele glauben an eine Religion. Einzigartig sind wir aber auch in der »Kunst«, uns selbst und unseren Mitmenschen durch Drogen, Folter und Krieg Leid zuzufügen, Luft und Wasser zu verpesten und Tag für Tag unzählige Pflanzen und Tiere auszurotten. In all dem sind wir unübertroffen, auch wenn einige Tierarten die eine oder andere Fertigkeit – etwa den Gebrauch von Werkzeugen – in Ansätzen mit uns teilen.

Wann und warum haben sich die Eigenschaften entwickelt, die den *Homo sapiens* ausmachen? Aus dem geringen genetischen Unterschied zwischen Menschen und Schimpansen schließen Molekularbiologen, daß sich deren Stammeslinien erst vor etwa fünf bis sieben Millionen Jahren voneinander getrennt haben. Allerdings wurden bis heute keine Fossilien des gemeinsamen Vorfahren von Menschen und Menschenaffen gefunden. 4,4 Millionen Jahre alte Zähne, Kiefer- und Schädelteile aus Äthiopien sind die ältesten heute bekannten Zeugnisse eines menschenähnlichen Lebewesens, eines Hominiden. Weil seine Art die Wurzel des Hominiden-Stammbaums bildet, wird es *Ardipithecus ramidus* genannt, denn »ramid« heißt in der Sprache des heute am Fundort lebenden Afar-Volkes »Wurzel«. Die wenigen fossilen Knochenreste dieses Urmenschen lassen vermuten, daß er einst aufrecht auf seinen Hinterbeinen ging, denn eines der fossilen Schädelfragmente deutet darauf hin, daß er seinen Kopf auf der Wirbelsäule balancierte. Die verwandtschaftlichen Bezie-

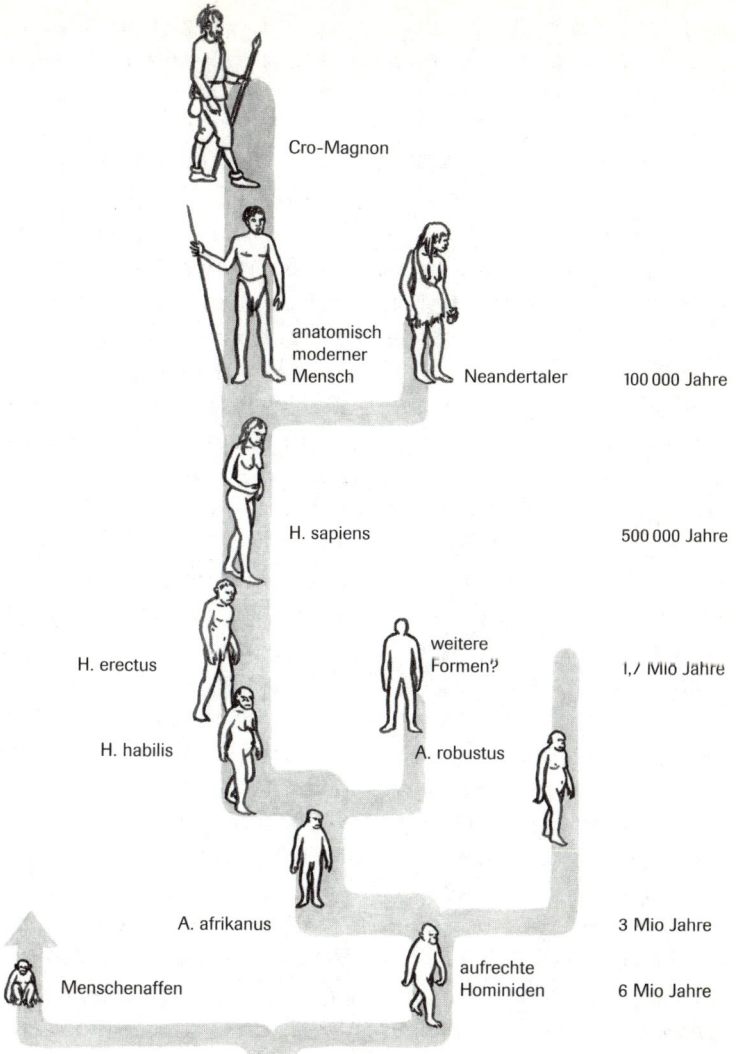

Cro-Magnon

anatomisch
moderner
Mensch

Neandertaler

100 000 Jahre

H. sapiens

500 000 Jahre

H. erectus

weitere
Formen?

1,7 Mio Jahre

H. habilis

A. robustus

A. afrikanus

3 Mio Jahre

Menschenaffen

aufrechte
Hominiden

6 Mio Jahre

Ein möglicher Stammbaum des Menschen

hungen dieses vielleicht ältesten Zweibeiners zu anderen Hominiden ist bisher unklar: Seine Vertreter könnten ein nachkommenlos ausgestorbener Seitenast des Menschenstammbaums oder aber die direkten Vorläufer aller späteren Formen gewesen sein. Uneins sind sich die Experten auch darüber, wie viele verschiedene Arten die Menschenfamilie von ihren Wurzeln bis heute umfaßte und wie die einzelnen Mitglieder miteinander verwandt waren. Schon früh in der Evolution des Menschen und auch in späteren Epochen kamen gleichzeitig mehrere Hominiden vor: Robuste Formen mit wuchtigem Schädel und sehr großen Backenknochen lebten neben grazileren Typen mit leichter gebautem Schädel und kleineren Zähnen, zu denen auch die durch ihr nahezu vollständig erhaltenes Skelett berühmt gewordene »Lucy« gehörte. Obwohl diese verschiedenen Menschenvorfahren schon mehr als zwei Millionen Jahre lang aufrecht gingen, benutzten sie ihre frei gewordenen Hände nicht zum Fertigen von Werkzeugen, und ihr Gehirn wurde nur wenig größer. Erst vor etwa 2,5 Millionen Jahren begann das Gehirnvolumen der Hominiden deutlich zu wachsen: von 560 Kubikzentimetern beim »geschickten Menschen« *Homo habilis*, der bereits einfache Steinwerkzeuge anfertigte, auf mehr als das Doppelte beim »aufrechten Menschen« *Homo erectus*, der Feuer machen konnte, sich in Tierhäute kleidete und schon raffiniertere Steinwerkzeuge herstellte. *Homo erectus* breitete sich rasch von Afrika über den Nahen Osten bis nach Asien aus, wo man seine ältesten Überreste in 1,9 Millionen Jahre alten Schichten auf Java fand. Unsere eigene Art, der *Homo sapiens*, entstand irgendwie aus dem *Homo erectus*, aber wo und wie ist sehr umstritten. Einige Anthropologen glauben, daß diese Entwicklung im gesamten Verbreitungsgebiet des *Homo erectus*, also gleichzeitig in seinen verschiedenen örtlichen Populationen vor sich ging. Nach einer entgegengesetzten Auffassung – der »Mutter-Eva«-Theorie, die sich auf den Vergleich molekularer

Strukturen heute lebender Menschenrassen stützt — entstand der moderne *Homo sapiens* vor weniger als 200 000 Jahren in Afrika südlich der Sahara aus Nachkommen des dort lebenden *Homo erectus*. Von Afrika aus besiedelte *Homo sapiens* die ganze Welt: Vor 100 000 Jahren erreichte er den Nahen Osten, tauchte vor etwa 60 000 Jahren auf dem Malaiischen Archipel, in Neuguinea und Australien auf und drang vor etwa 40 000 Jahren nach Europa vor, wo er als Cro-Magnon-Mensch durch seine kunstvollen Höhlenmalereien bekannt wurde. Aus den westlichen Populationen des *Homo erectus* hatte sich derweil der *Homo neanderthalensis* entwickelt. Die Neandertaler — benannt nach dem nahe Düsseldorf gelegenen Neandertal, wo ihre Fossilien zuerst gefunden wurden — lebten in Westeuropa über Südrußland und den Nahen Osten bis nach Usbekistan in Zentralasien nahe der Grenze zu Afghanistan. Auch sie nutzten regelmäßig Feuerstellen, kümmerten sich um ihre Kranken und Alten und begruben ihre Toten. Aufgrund genetischer Analysen fossiler Knochen gilt heute als sicher, daß die Neandertaler nicht unsere direkten Vorfahren waren, sondern als eigene Art über einen Zeitraum von mehreren zigtausend Jahren neben den »weisen« Menschen bestehen konnten, bevor sie — aus unbekannten Gründen — für immer verschwanden.

Wie kam es zu dem rasanten Aufstieg von *Ardipithecus ramidus* zu *Homo sapiens*? Die bedeutendsten Merkmale des Menschen, die ihn vor den Menschenaffen auszeichnen, sind der aufrechte Gang und das große Gehirn. Wie und warum entwickelten sich diese Eigenschaften? Um die Klärung dieser Frage haben sich Generationen von Forschern bemüht und unterschiedliche Antworten vorgeschlagen. Nach einer häufig vertretenen Vorstellung sollten unsere Vorfahren buchstäblich »von den Bäumen gestiegen« sein, weil ihr eigentlicher Lebensraum, die ausgedehnten Wälder Afrikas, durch ein zunehmend trockeneres Klima drastisch dahinschwand und der

Savanne – einer offenen Graslandschaft mit vereinzelten Bäumen – wich. Um sich in diesem neuen Lebensraum besser zurechtzufinden, hätten die Hominiden den aufrechten Gang »erfunden«. Dadurch wären ihre Hände frei geworden und hätten für andere Dinge als zum Laufen und Klettern genutzt werden können, etwa zum Herstellen von Werkzeugen – was wiederum die Entwicklung des Gehirns und seiner geistigen Fähigkeiten vorangetrieben haben könnte. Diese verbreitete These wird durch neueste Fossilfunde und Forschungsergebnisse immer mehr in Frage gestellt. Zum Beispiel wurden die Knochenfragmente des (bereits aufrecht gehenden) *Ardipithecus ramidus* zusammen mit Skeletten waldbewohnender Tiere gefunden – ein Hinweis darauf, daß sich der Gang auf zwei Beinen bereits im Wald entwickelt haben dürfte. Zwar war der aufrechte Gang eine Voraussetzung dafür, daß unsere Vorfahren ihre Hände frei bekamen für das Herstellen von Werkzeugen, doch offenbar »warteten« sie zwei Millionen Jahre, ehe sie sie zu solch anspruchsvollen Tätigkeiten gebrauchten.

Nach einer neueren ökologischen Theorie der Menschwerdung nutzten die frühesten Hominiden ihre Hände einfach nur zum Tragen – von Nahrung, aber auch von ihren Babys und Kleinkindern. Dadurch konnte sich die wohl wichtigste Eigenart des Menschen ausbilden: Die hilflose Phase der Neugeborenen wurde länger als bei allen anderen Säugetieren und ermöglichte ein fortgesetztes Wachstum des kindlichen Gehirns. Zugleich verlängerte sich auch die Zeit, in der sich die Eltern um ihren Nachwuchs kümmern und ihre Erfahrungen weitergeben. Das ist die Grundlage der Kultur, die die rasante Evolution zum modernen Menschen ermöglichte. Eine ebenso wichtige Etappe in der Geschichte des Menschen war die Bildung größerer sozialer Gruppen, die viele Veränderungen des Verhaltens und auch unserer Physiologie nach sich zogen. Der entscheidende Schritt zur Zivilisation gelang dem

Homo sapiens erst vor relativ kurzer Zeit: Vor etwa 10 000 Jahren gaben die Menschen ihr Jäger-und-Sammler-Dasein auf, bestellten Äcker, züchteten Vieh und gründeten dauerhafte Siedlungen.

Der Übergang von »bloßen Tieren« zu »weisen Menschen« vollzog sich also in einer allmählichen Veränderung der körperlichen Merkmale, die zu der aufrechten Haltung, einem großen Gehirn und der Entwicklung der Sprache führten. Viele hundert Hominidenfossilien legen Zeugnis ab von diesem kontinuierlichen Prozeß, dennoch halten noch heute viele unserer Mitbürger an dem Glauben fest, daß der Mensch eine separate Schöpfung Gottes sei. Mehr noch: Diese sogenannten »Kreationisten« – das Wort ist vom lateinischen *creatio* für Erschaffen abgeleitet – sind davon überzeugt, daß alle Arten von Lebewesen etwa vor 10 000 bis 6000 Jahren erschaffen wurden. Ähnlich wie der Geologe und Darwinkritiker Charles Lyell glauben auch die modernen Antidarwinisten, daß sich alle folgenden Veränderungen einer Art innerhalb der genetischen Grenzen abspielen, die ihnen der Schöpfer gesetzt hat. Die Kreationisten nehmen die Heilige Schrift wörtlich; sie sind davon überzeugt, daß die Bibel nicht nur eine Erkenntnisquelle neben anderen ist, sondern daß sie jeglicher Art von Erkenntnis vorangeht. In den USA ist diese religiöse Strömung weit verbreitet und die Zahl ihrer Anhänger nimmt ständig zu. In ihren Flugblättern versuchen sie, die Evolutionslehre mit absurden Argumenten lächerlich zu machen: »Wenn es Evolution gäbe, dann müßte es Tiere geben, die halb Katze, halb Hund oder halb Frosch, halb Elefant sind. Aber hat irgend jemand jemals einen Frolefant gesehen?« Solche Bemerkungen zeigen, daß die Autoren die Kernpunkte von Darwins Lehre nicht im mindesten verstanden haben. Doch zu den Kreationisten gehören erstaunlicherweise auch viele ausgebildete Akademiker, die in den beiden kreationistischen Zentren – dem »Institute for Creation Re-

search« und dem »Quartier of Campus Crusade for Christ«,
beide in Kalifornien – intensive Forschung betreiben, um die
Evolutionstheorie mit wissenschaftlichen Methoden zu widerlegen. Allerdings verstehen diese Forscher unter Wissenschaft
etwas grundsätzlich anderes als die internationale Forscherge-
meinschaft: Ihrer Meinung nach können wissenschaftliche Ergebnisse oder Theorien, die der Bibel widersprechen, keine Tatsachen darstellen, sondern nur falsche Interpretationen oder
unzulässige Spekulationen sein. Dieses eigenwillige Wissen-
schaftsverständnis und die daraus folgende Weltsicht werden
auch in Deutschland von einigen evangelikalen Gruppierun-
gen geteilt. Dagegen akzeptieren die beiden großen christlichen Konfessionen heute die Theorie Darwins und halten sie
für vereinbar mit dem Glauben. Denn anders als noch vor wenigen Jahrhunderten hält die Kirche heute nicht mehr dogma-
tisch an überholten Vorstellungen fest. Dennoch haben sich
viele Theologen lange Zeit geweigert, eine positive Einstellung
zur Evolutionstheorie einzunehmen, vor allem, was die Herkunft des Menschen und seiner geistigen Fähigkeiten betrifft.
Erst 1950 bezeichnete der damalige Papst Pius XII. in der
Enzyklika ›Humanae generis‹ die Evolutionstheorie als »ernst-
zunehmende Hypothese«. Sein Nachfolger Johannes Paul II.
erklärte schließlich im Oktober 1996: »Heute, ein halbes Jahrhundert nach der Veröffentlichung der Enzyklika, bringen
neue Erkenntnisse uns dazu, die Theorie der Evolution nicht
mehr nur als eine reine Hypothese zu erachten.« Denn, so der
Papst, »die weder gesuchte noch provozierte Übereinstim-
mung der Ergebnisse von unabhängig voneinander ausgeführ-
ten Arbeiten stellt für sich ein bedeutsames Argument zugun-
sten dieser Theorie dar«. Zugleich aber betont das Kirchen-
oberhaupt, daß diese Erkenntnis keine Glaubenswahrheiten
umwerfe: »Wenn der menschliche Körper seinen Ursprung in
der lebenden Materie hat, die vor ihm existierte, dann ist doch
seine Seele unmittelbar von Gott geschaffen.«

Auch der in der Bibel überlieferte Schöpfungsbericht steht nicht im Widerspruch zu den Aussagen der Naturwissenschaft. Moderne Theologen beider christlicher Konfessionen sind sich darin einig, daß die Erzählung von der Erschaffung der Welt und ihrer Lebewesen in sechs Tagen nicht wörtlich zu nehmen ist. Tatsächlich besteht ja »der« Schöpfungsbericht aus zwei unterschiedlichen Berichten, die im Abstand von vier bis fünf Jahrhunderten auf der Grundlage verschiedener Schriftstücke und mündlicher Überlieferungen verfaßt wurden. Daher wäre es auch verfehlt, aus der Genesis die Evolutionstheorie gleichsam herauslesen zu wollen; daß etwa die sechs Schöpfungstage als erdgeschichtliche Zeiträume aufzufassen seien und die Erschaffung der Fische und Vögel vor dem Menschen die Stammesgeschichte wiedergebe. Richtig ist vielmehr, daß der Schöpfungsbericht nichts über den Werdeprozeß der Weltbestandteile und über das Wie der »Entstehung der Arten« aussagt – vermutlich gerade weil er die Welt vielschichtiger erklären will, als es die Naturwissenschaften können.

Der christlichen Theologie geht es um Sinn und Bestimmung des Menschen, um seine Würde, seine Freiheit und Sündhaftigkeit, um Fragen der Ethik und Moral. Dagegen will die Darwinsche Theorie die Gesetzmäßigkeiten und Prozesse erklären, die dem Leben zugrunde liegen. Auf die Frage nach dem letzten Grund der Welt und nach dem Sinn menschlichen Lebens kann die Naturwissenschaft keine Antwort geben, sie kann daher die Existenz eines Schöpfergottes weder beweisen noch widerlegen. Folglich bleibt es jedem einzelnen überlassen, ob er sich als ein »von Gott geschaffener und angesprochener« Mensch fühlt oder eher den Worten des Molekularbiologen Jacques Monod zustimmt: »Der Mensch muß endlich aus seinem tausendjährigen Traum erwachen und seine totale Verlassenheit, seine radikale Fremdheit erkennen. Er weiß nun, daß er seinen Platz wie ein Zigeuner am

Rand des Universums hat, das für seine Musik taub ist und gleichgültig gegen seine Hoffnungen, Leiden oder Verbrechen.« Monods Reaktion auf unsere tierische Herkunft, auf die »Entthronung« des *Homo sapiens*, mag manchem Menschen trostlos erscheinen. Dagegen sehen esoterisch orientierte Zeitgenossen in der Einreihung des Menschen in die Natur eine Erlösung: In Anlehnung an fernöstliche Weltreligionen wähnen sie sich aufgehoben im heiligen Ganzen eines beseelten Kosmos.

Doch damit sind bei weitem nicht alle weltanschaulichen Positionen aufgezählt, die aus der Evolutionstheorie abgeleitet worden sind. Darwins Werk ist von Beginn an nicht nur unter fachbiologischen Gesichtspunkten betrachtet worden, sondern diente auch verschiedenen politischen Strömungen zur Begründung ihrer Ziele. Die bekannteste und folgenreichste Ideologie, die sich auf Darwins Aussagen stützte, ist der »Sozialdarwinismus«. Er entstand in den beiden letzten Jahrzehnten des 19. Jahrhunderts – also in einer Zeit, die vom Kampf des wirtschaftlich starken Bürgertums gegen die sozial benachteiligten Arbeiter geprägt war. Unter diesen gesellschaftlichen Bedingungen war Darwins Theorie willkommen: Denn mit Parolen wie »Kampf ums Dasein« – übrigens ein Begriff, den nicht Darwin, sondern bereits 1798 der britische Ökonom Thomas Robert Malthus im Zusammenhang mit seiner Bevölkerungstheorie prägte – und »Überleben des Tüchtigsten« – auch dieser Ausdruck stammt nicht von Darwin, sondern von seinem Landsmann Herbert Spencer – ließen sich die ungleiche Verteilung von materiellen Gütern, sozialen Lebenschancen und politischen Einflußmöglichkeiten als »natürlich« erklären und rechtfertigen.

Darwin wählte diese Begriffe, um Evolutionsprozesse zu beschreiben. Sein Vetter Francis Galton griff das Vokabular auf, um seine Gedanken der »Rassenhygiene« oder »Eugenik« zu verdeutlichen: Er stellte sich vor, daß man durch gezielte Selektion die Menschheit verbessern könnte und sollte. Zur gleichen Zeit forderten Ärzte aus verschiedenen Ländern, die Fortpflanzung nur gesunden Menschen zu gestatten und »krüppelhaften, verstümmelten und zwergenhaften Menschen« die Heirat per Gesetz zu verbieten. Die weite Verbreitung und wissenschaftliche Anerkennung der Darwinschen Evolutionstheorie trugen dazu bei, rassistisches Gedankengut in weiten Kreisen der Gesellschaft salonfähig zu machen. Um die Jahrhundertwende wurden aus Darwins Werk ethische Prinzipien abgeleitet, die die brutale Beseitigung kranker und behinderter Menschen als legitim und sogar als moralisch geboten erscheinen ließen. Mit der Machtübernahme durch Hitler und die Nationalsozialisten wurde der Sozialdarwinismus in Deutschland zur offiziellen Staatsdoktrin. Sogleich verabschiedete der Reichstag das »Gesetz zur Verhütung erbkranken Nachwuchses«, mit dem bis zum Jahr 1938 an die 300 000 Zwangssterilisationen — zunächst bei schwer geistig und körperlich behinderten Menschen, später auch bei leichter Behinderten, »Fürsorgezöglingen« oder Alkoholkranken — legalisiert wurden. Rassistische Propaganda ebnete auch den Weg für die Verfolgung von Bürgern jüdischen Glaubens, von Angehörigen ethnischer Minderheiten und politisch Andersdenkenden. Millionen wurden in einer bis dahin nicht für möglich gehaltenen Systematik und Brutalität in den Gaskammern der Konzentrationslager ermordet.

Dennoch ist Hitlers Weg in die »Endlösung« nicht Darwins Werk und den von ihm verwendeten Begriffen anzulasten. Denn grundsätzlich hängt die praktische Bedeutung einer Theorie vor allem von der Weltanschauung und den politischen Zielen der Menschen ab, die sich mit ihr beschäftigen. Tatsächlich wurde die Evolutionstheorie zum Diener vieler Herren gemacht: Auf sie beriefen sich sowohl Kriegsfanatiker als auch Kriegsgegner. Die einen sahen im Krieg eine willkommene Bewährungsprobe, um zu einer »Auslese der Tüchtigen« und zur Verbesserung der körperlichen und geistigen Gesundheit der »siegreichen Rasse« zu gelangen. Dagegen verwiesen die anderen darauf, daß auf dem Schlachtfeld gerade die tapfersten und tüchtigsten Soldaten für die gefährlichsten Aufgaben eingesetzt und daher auch am häufigsten getötet werden, während die körperlich und geistig Kranken zu Hause bleiben und sich fortpflanzen können. Neben dem Sozialdarwinismus haben sich (mindestens) zwei weitere politische Strömungen auf Darwins Theorie berufen, um ihre – sehr unterschiedlichen – Ziele zu begründen: Bereits kurz nach Erscheinen der ›Entstehung der Arten‹ befaßten sich Karl Marx und Friedrich Engels mit der Evolutionstheorie und bezeichneten sie als »naturwissenschaftliche Unterlage des geschichtlichen Klassenkampfes«. Auch die Vertreter der deutschen Arbeiterbewegung beriefen sich auf Darwin, allerdings nicht auf den »Kampf ums Dasein«, sondern auf das Evolutionsprinzip als solches. Es sei der Beweis, daß in der Natur nichts von ewiger Dauer, sondern alles in stetem Wandel begriffen ist. So zog zum Beispiel August Bebel daraus den Schluß, daß sich auch die bestehenden gesellschaftlichen Verhältnisse natürlicherweise verändern, daß es sich also »bei der Verwirklichung des Sozialismus nicht um ein willkürliches Einreißen und Aufbauen, sondern um ein naturgeschichtliches Werden handelt«.

Nicht nur die deutschen Sozialisten wandten Darwins Theorie auf die Gesellschaft an, sondern auch führende Vertreter der demokratischen humanistischen Bewegung, die sich zu Beginn der 1860er Jahre formierte. So führt etwa Friedrich Albert Lange die schlechten Lebensumstände der Arbeiter auf den Kampf ums Dasein zurück. Jedoch betrachtete er – ganz im Gegensatz zu den Sozialdarwinisten – das soziale Elend nicht als eine naturwüchsige und unabänderliche Folge des Prinzips vom Überleben des Stärkeren. Statt dessen hielt er den Menschen für fähig, sich bewußt durch seine Vernunft über den »seelenlosen Mechanismus« dieses Prinzips hinwegzusetzen – eine Überzeugung, die sich mit vielen Beispielen aus der menschlichen Geschichte belegen läßt. Ludwig Büchner, ebenfalls Humanist, sah die eigentliche Aufgabe des Menschen in der »Ersetzung der Naturmacht durch die Vernunftmacht«.

Noch heute mißbrauchen Vertreter verschiedener geistiger Strömungen die Erkenntnisse der Evolutionsbiologie, um damit menschliche Verhaltensweisen zu erklären, soziale Verhältnisse zu rechtfertigen, politische Forderungen durchzusetzen oder altbekannte rassistische Thesen in moderne Kleider zu hüllen. So vertritt etwa der kanadische Psychologe Philippe Rushton die These, die Menschheit bestehe aus drei Grundrassen – Asiaten, Weiße und Schwarze –, deren durchschnittlicher Intelligenzquotient in dieser Reihenfolge abnehme. Tatsächlich schneiden schwarzhäutige Amerikaner bei gleichen Intelligenztests im Mittel schlechter ab als Weiße. Eine Reihe sorgfältig ausgefülrter Studien zeigt jedoch, daß die vermeintliche Intelligenzschwäche schwarzer Testteilnehmer auf ihre besonderen Lebensumstände zurückzuführen ist und nicht etwa auf genetische Unterschiede: So wachsen überdurchschnittlich viele Schwarze in sozial schwachen Familien auf und besuchen miserable Schulen. Zudem werden die Testfragen in der Regel von Weißen entworfen und beziehen sich auf deren Lebensumfeld. Trotzdem hält Rushton an seiner Auffassung fest, Schwarze seien besonders dumm, aggressiv, kriminell und zudem stärker an Sex interessiert als Menschen anderer Rassen. Diese angeblichen Unterschiede im Sexualverhalten deutet der – natürlich weiße – Forscher als evolutionäres Ergebnis verschiedener Fortpflanzungsstrategien: Weiße und Asiaten müßten sich wegen des eher rauhen Klimas in ihrem Verbreitungsgebiet auf wenige Kinder beschränken und diese mit Einsatz besonderer Intelligenz durch den kalten Winter bringen.

Obwohl es keine seriösen Belege für diese abstrusen rassistischen Thesen gibt, genießt Rushton bei renommierten wissenschaftlichen Gesellschaften in Kanada, USA und England hohes Ansehen.

Auch eugenisches Gedankengut ist heute noch weit verbreitet. In Deutschland haben humangenetische Beratungsstellen und vorgeburtliche Untersuchungen schwangerer Frauen unter anderem zum Ziel, den Anteil behinderter Menschen möglichst niedrig zu halten. Dies soll die betroffenen Familien vor unnötigem Leid bewahren, aber auch der Gesellschaft die Kosten für den Lebenserhalt Behinderter ersparen. Daher bringt die ständige Verbesserung der medizinischen Diagnostik nicht nur Vorteile, sondern birgt auch Gefahren: Die Geburt eines behinderten Menschen könnte als eine Art »vermeidbarer Betriebsunfall« angesehen werden; Mütter, die sich gegen die Abtreibung eines möglicherweise behinderten Kindes entscheiden, könnten für verantwortungslos gehalten oder gar eines Tages sanktioniert werden.

Neben der humangenetischen Forschung liefert vor allem die Soziobiologie reichlich Stoff, um mißverstanden und von Ideologen aller Couleur für ihre Zwecke mißbraucht zu werden. Diese Forschungsrichtung wurde 1975 von dem amerikanischen Ökologen und Ameisenspezialisten Edward O. Wilson gegründet und sorgt seither für hitzige Debatten unter Biologen und Soziologen. Wilson und andere Soziobiologen sind der Ansicht, daß neben körperlichen Merkmalen auch soziale Verhaltensweisen durch ein genetisches Programm festgelegt sind, das sich über Generationen hinweg unter der natürlichen Auslese bewährt hat. Einige extreme Vertreter der soziobiologischen Denkweise sind davon überzeugt, daß sich auch Verhaltensunterschiede zwischen Männern und Frauen während der Hominidenevolution entwickelt haben und daher heute noch in unserem Erbgut festgeschrieben sind. Als Begründung führen sie an, daß Frauen

– ebenso wie die Weibchen vieler Tierarten – sehr viel mehr Zeit und Lebenskraft in ihren Nachwuchs investieren müssen als Männer: Mutterwerden bedeutet eine lange kräftezehrende Schwangerschaft und Stillzeit, zur Vaterschaft dagegen reicht ein kurzer Zeugungsakt. Allerdings weiß unter Partnern nur die Frau mit absoluter Gewißheit, daß das Kind wirklich ihres ist; der Vater kann sich dessen aber nicht sicher sein. Die natürliche Auslese fördert immer solche Verhaltensweisen (und die zugrundeliegenden genetischen Programme), die ihre Träger oder sehr nahe Verwandte begünstigen. Weil Eltern im Durchschnitt die Hälfte ihrer Gene mit ihren Kindern teilen, ist es aus evolutionsbiologischer Sicht sinnvoll, daß sie für ihren Nachwuchs sorgen. Wenn freilich Männer wegen der prinzipiell unsicheren Vaterschaft mit den Kindern ihrer Partnerinnen im Durchschnitt weniger Gene gemeinsam haben als die Mütter, dann ist zu erwarten – so argumentieren die Soziobiologen –, daß Mütter sich mehr um ihre Kinder kümmern als Väter. Zudem sollten Frauen sorgfältiger bei der Wahl ihres Partners und künftigen Kindsvaters sein als Männer; sie sollten Männer mit viel Geld, Macht und hohem sozialen Status bevorzugen, um sich und ihren Kindern gute Lebensbedingungen zu sichern. Männer dagegen sollten zu häufigen Seitensprüngen neigen, sich weniger als Frauen um die Kinder sorgen und ihre Energie eher darauf verwenden, ihren sozialen Status und ihre sexuelle Attraktivität zu erhöhen. Nach derselben Logik finden Kindestötung, Vergewaltigung, Mord aus Eifersucht sowie die in vielen Kulturen heute noch übliche Verstümmelung der weiblichen Geschlechtsorgane eine biologische Erklärung.

Die Voraussagen der Soziobiologen ähneln den Geschlechterrollen, die wir nur zu gut kennen. Kein Wunder, daß sich konservative Zeitgenossen auf sie berufen, um Frauen von Wirtschaft und Politik fernzuhalten und an ihren »angestammten« Platz in Küche und Kinderzimmer zu verweisen.

Doch es gibt keinerlei wissenschaftliche Grundlage für die These, daß die in modernen Gesellschaften vorhandene Rollenaufteilung zwischen Männern und Frauen »natürlich« und »angeboren« sei. Wie der in den USA wirkende bedeutende Evolutionsbiologe Douglas Futuyma betont, beruht das beschriebene Szenario auf zahlreichen ungeprüften Annahmen: »Nichts spricht dafür, daß der Fortpflanzungserfolg eines Mannes durch Promiskuität, Aggressivität oder nachlässige Kinderfürsorge vergrößert wird, noch gibt es einen Hinweis dafür, daß die Fitness einer Frau durch Schüchternheit, Unterwürfigkeit oder Monogamie vergrößert wird.« Falls nämlich das Überleben der Kinder von der elterlichen Fürsorge abhinge, gibt Futuyma zu bedenken, dann »könnten Männer ihre Fitness auch dadurch maximieren, daß sie ihrer Partnerin treu sind und aus der Paarbindung einen doppelten Vorteil ziehen: nämlich ihrem eigenen Nachwuchs zu helfen und zu verhindern, daß die Frauen die Kinder anderer Männer aufziehen«.

Um herauszufinden, welche Verhaltensweisen und Geschlechterrollen unserer frühen Vorfahren durch die natürliche Auslese begünstigt worden sind, müßten wir wissen, wie die Hominidengemeinschaften organisiert waren und unter welchen Umweltbedingungen sie lebten. Genau hier liegt die Schwierigkeit: Nichts von alledem ist bekannt. Folglich läßt sich für jedes beliebige menschliche Verhalten – ebenso wie für sein genaues Gegenteil – eine passende soziobiologische Erklärung finden. Ein Beispiel: Viele kinderlose Ehepaare adoptieren ein fremdes Kind. Unter rein biologischen Aspekten ist dies völlig unsinnig; im Kampf ums Dasein sollte sich jedes Individuum nur für die eigenen oder nahe verwandte Kinder einsetzen. Mit einem Kniff gelingt es freilich, auch dem Wunsch nach Adoption einen soziobiologischen Sinn zu geben: Dieses Verhalten, so wird argumentiert, habe sich in einer sozialen Umgebung evolviert, in der Adoptivkinder höchstwahrscheinlich genetisch verwandte Kinder waren. Somit habe die Adoption die oben beschriebene Gesamtfitness (siehe S. 94) gesteigert. Das mag vielleicht sogar stimmen, doch läßt es sich weder beweisen noch widerlegen. Daher sprechen Wilsons Kritiker der soziobiologischen Theorie jede Aussagekraft für menschliche Gesellschaften ab. Sicherlich kann es von Nutzen sein, die tierischen Ursprünge menschlicher Eigenschaften zurückzuverfolgen und als Teil unseres evolutionären Erbes zu begreifen. Doch soziobiologische Erklärungen für bestimmte Verhaltensweisen dürfen uns nicht dazu verleiten, diese Verhaltensweisen als »natürlich« anzusehen oder gar zu rechtfertigen. Wir sind keine Maschinen, die ihrem genetischen Programm willenlos unterworfen sind. Im Gegenteil: Menschliche Gesellschaften haben immer wieder mit Erfolg barbarische Instinkte unter Kontrolle zu bringen versucht. Zudem läßt sich das Ziel menschlichen Handelns nicht darauf reduzieren, möglichst viele Nachkommen zu hinterlassen. Tatsächlich entscheiden sich heutzutage viele Paare dafür, keine Kinder zu zeugen und widmen ihre Zeit und Energie lieber anderen Aufgaben. Die Freiheit, zwischen mehreren Zielen zu wählen, ist wohl einer der wichtigsten Unterschiede zwischen uns und anderen Tieren.

Aus der Evolutionstheorie ergibt sich also weder eine Rechtfertigung für menschliches Verhalten, noch eine Anleitung für moralisch richtiges Tun. Dagegen können Erkenntnisse aus der Evolutionsforschung, gemeinsam mit den Ergebnissen aus Genetik, Ökologie und aus anderen Disziplinen der Biologie helfen, Krankheit und Hunger zu verringern, unsere natürlichen Ressourcen zu schonen sowie bessere Lösungen für zahlreiche technische und wirtschaftliche Probleme zu finden. Aus der Tatsache, daß der Mensch ein Säugetier ist, folgt eine naheliegende Überlegung: Wenn unser Körper demjenigen von Affen, Schweinen oder Mäusen so ähnlich ist, dann sollten sich an diesen Tieren medizinische Untersuchungen vornehmen und dann auf den Menschen übertragen lassen. Tatsächlich haben verschiedene Tierarten – allen voran Mäuse, aber auch Zebrafische, Taufliegen und sogar Schleimpilze – Biologen und Ärzten seit Jahrzehnten »Modell« gestanden, um den Aufbau der Erbsubstanz, Stoffwechsel und Organfunktionen, Verhalten und Wahrnehmung des Menschen erforschen zu helfen. Kosmetika, Medikamente und Operationstechniken werden an Tieren erprobt, bevor sie beim Menschen Anwendung finden. Wenngleich solche Tierversuche nicht bei allen Bürgern auf Zustimmung stoßen, sind sie aus der Grundlagenforschung und der medizinischen Praxis nicht mehr wegzudenken und kommen unzähligen Patienten zugute.

Heute arbeiten Biowissenschaftler und Mediziner daran, Tiere als Organspender zu nutzen. An solche »Xenotransplantationen« – nach dem griechischen *xenos* für (art)fremd – haben sich Ärzte offenbar bereits vor Jahrhunderten gewagt: Schon 1682 sollen einem russischen Adeligen nach einer Schädelverletzung Knochenstücke eines Hundes eingesetzt worden sein – angeblich mit Erfolg. Anfang des 20. Jahrhunderts wurde mit Schweinen, Ziegen, Schafen und Affen experimentiert, doch meist starben die Patienten einige Zeit nach dem Eingriff. Erst nachdem der britische Zoologe Peter Medawar in den vierziger Jahren die Gesetzmäßigkeiten der Immunabwehr gegen körperfremdes Gewebe aufgedeckt hatte, mehrten sich die Erfolge: Mitte der sechziger Jahre pflanzte ein amerikanischer Arzt 13 Menschen eine Schimpansenniere ein; eine Patientin lebte mit dem Organ neun Monate lang. Beim ersten Versuch, einem Menschen ein neues Herz einzupflanzen, mußte ebenfalls ein Schimpanse sein Leben lassen. Allerdings erwies sich sein Herz als zu klein. Zudem ist die Tötung dieser intelligenten und vom Aussterben bedrohten Menschenaffen äußerst fragwürdig. Besser eignen sich Schweine als Organspender: Sie lassen sich leicht halten und vermehren, sind in Größe und Physiologie dem Menschen vergleichbar und werden ohnehin für den Verzehr geschlachtet. Schon heute erhalten Menschen Herzklappen von Schweinen und Rindern; die Gehirnzellen von Schweinefeten sollen Parkinson-Kranken zur Linderung und Verlangsamung ihres bisher unheilbaren Leidens verhelfen. Die Nutzung von Tieren als lebende Organbanken mag manchem bedenklich erscheinen, andererseits schafft auch die Tatsache ethische Probleme, daß Tausende von Sterbenskranken vergeblich auf den Tod eines gesunden Menschen warten, um mit dessen Organen weiterleben zu können: Allein in Deutschland hofften 1996 rund 15 000 Patienten auf einen Organaustausch, aber nur etwa 3500 konnten operiert werden. Wegen der langen Wartezeiten starb weltweit jeder vierte Anwärter auf eine Lungentransplantation.

Eine weitere Einsicht verdankt die Medizin der Evolutionsbiologie: daß Krankheitskeime in kurzer Zeit widerstandsfähig gegen Medikamente werden können. Der Grund liegt in der zufälligen Natur von Mutationen, die ja die Basis der biologischen Vielfalt sind. Solche Veränderungen des Erbmaterials treten mit einer bestimmten Häufigkeit spontan auf und können wahllos jedes Gen betreffen – also auch dasjenige, das einen Krankheitserreger gegen einen Wirkstoff anfällig macht. So kommt es, daß einige wenige Keime durch zufällig passende Mutationen ihre Schwäche gegenüber einem Medikament überwinden: Sie sind »resistent«. Weil sich Bakterien enorm schnell vermehren, können aus einem einzigen Keim, der gegen ein Antibiotikum resistent ist, binnen Stunden Millionen ebenso robuster Nachkommen erwachsen. Während ihre unveränderten Artgenossen durch das Antibiotikum in ihrer Vermehrung behindert oder gänzlich ausgemerzt werden, wachsen die resistenten Mutanten konkurrenzlos weiter. Die Fähigkeit zur Resistenz speichern Bakterien auf speziellen ringförmigen Erbmolekülen, sogenannten »Plasmiden«. Diese Plasmide können sie mit Artgenossen, aber auch mit Vertretern entfernt verwandter Mikrobenarten austauschen. So gelingt es einigen Bakterienstämmen, sich in kürzester Zeit eine Vielzahl verschiedener Resistenzgene anzueignen. Die Folgen für den Menschen sind fatal: Vor allem in Krankenhäusern, wo Patienten zum Schutz vor bakteriellen Infektionen oder zu deren Bekämpfung verschiedene Medikamente erhalten, haben sich sogenannte multiresistente Mikrobenstämme entwickelt, die gegen eine Vielzahl von Antibiotika immun sind. In amerikanischen und japanischen Kliniken ist bereits gut ein Viertel aller Erreger multiresistent und läßt sich nur (noch!) mit einem einzigen Antibiotikum bekämpfen. Auch hierzulande sind hochresistente Keime auf dem Vormarsch: Schätzungsweise acht Prozent der *Staphylococcus-aureus*-Keime sind gegen mehrere Antibiotika resistent. Die Erreger – sie verursachen Lungenentzündungen und Eitergeschwüre – befallen in deutschen Krankenhäusern jedes Jahr etwa 120 000 Patienten. 1998 sind in Nordrhein-Westfalen und Berlin erstmals *Staphylococcus-aureus*-Stämme aufgetreten, denen kein einziges aller verfügbaren Antibiotika den Garaus machen konnte.

Die betroffenen Patienten hatten Glück und besiegten die Krankheit aus eigener Kraft. Doch beim nächsten Auftreten der Erreger kann jede Therapie versagen. Auch Einzeller und Viren können durch zufällige Erbgutveränderungen gegen Arzneien resistent werden. Deshalb ist es so schwierig, tödlich verlaufende Krankheiten wie Malaria oder AIDS zu bekämpfen: HIV hat bisher noch jedem anfangs wirkungsvollen Medikament ein Schnippchen geschlagen; nur die kombinierte Gabe von drei sehr unterschiedlich wirkenden Arzneien kann den Fortgang der Immunschwäche verzögern.

Resistenzen stellen nicht nur Mediziner vor Probleme, sondern auch Pflanzenzüchter, Land- und Forstwirte. Auch sie kämpfen in einem nie endenden »Wettrüsten« mit immer raffinierteren Waffen gegen ein Heer von Pflanzenschädlingen an: Kartoffelkäfer und Kohlweißlingsraupen, Blattläuse und Spinnmilben, Mehltau und Wurzelfäule machen sich über jede Art von Kulturpflanzen her – vom Apfelbaum bis zur Zuckerrübe. Gegen jeden Vernichtungsfeldzug des Menschen entwickeln Mikroben und Pilze, Würmer und Insekten eine passende Verteidigungsstrategie. Eine kurze Chronologie dieses »Rüstungswettlaufs« demonstriert, wie rasend schnell solcherart Koevolution vor sich gehen kann: Chemische Pestizide wurden erstmals nach dem Zweiten Weltkrieg in großem Stil auf Felder und Plantagen gebracht. Doch es dauerte nur wenige Jahre, bis die ersten Schädlinge und Krankheitsüberträger widerstandsfähig gegen vormals tödliche Giftstoffe wurden. Ein erschreckendes Beispiel liefert die Bekämpfung der *Anopheles*-Mücke durch das Insektizid DDT in Indien: Von 1950 an wurden die Insekten, die den Malaria-Erreger übertragen, mit Hilfe von DDT innerhalb von zwanzig Jahren nahezu ausgerottet. Seither steigt ihre Zahl – und mit ihr die Malaria – wieder unaufhaltsam an. 1967 wurde eine zweite »Generation« von Insektiziden entwickelt: synthetische Imitate wichtiger Insektenhormone, die das Wachstum von Kerbtieren durcheinanderbringen sollten. Die Tiere würden sich – so dachte man – nicht gegen Stoffe wehren können, die genauso wirken wie körpereigene Hormone. Was unmöglich erschien, mußte keine fünf Jahre später als weitere Niederlage im Kampf gegen des Menschen größte Nahrungskonkurrenten verbucht werden. Manches Kerbtier wurde durch die Veränderung eines einzigen Gens unempfindlich gegen die Hormonwaffe. 1980 waren schon über 400 Insektenarten mit Resistenzen gegen ein oder mehrere Pestizide bekannt.

Was der modernen Chemie nicht gelungen war, sollten nun natürliche Feinde, Parasiten und Krankheitserreger der verschiedenen Schädlinge leisten: die dauerhafte Eindämmung der gefräßigen Gliederfüßer. »Biologische Schädlingsbekämpfung« hieß fortan das Zauberwort. Mit dem neuen

Prinzip wollten sich Biologen die Mechanismen der Evolution zunutze machen: Die Beziehungen zwischen Feind und Beute, Parasit und Wirt – so hatte man erkannt – hat die Evolution in Millionen von Jahren hervorgebracht. Insekten oder andere unerwünschte Mitesser, die in so langen Zeiträumen nicht imstande waren, ihre natürlichen Feinde zu besiegen, sollten dazu auch in Zukunft nicht fähig sein. So wollte man die Natur mit ihren eigenen Waffen schlagen.

Bacillus thuringiensis, kurz Bt, ist solch eine natürliche Waffe gegen viele Schädlinge. Das Bakterium stellt einen giftigen Eiweißstoff – ein Toxin – her, der bestimmte Insekten tötet. Allein bei den Schmetterlingen gibt es mindestens 150 Arten, deren Raupen nach dem Verzehr der Bt-Toxine sterben. Unter natürlichen Bedingungen tritt die Bodenmikrobe selten massenhaft auf. Folglich kommen nur wenige Schmetterlingsraupen mit dem für sie tödlichen Gift in Berührung. Die meisten ihrer Artgenossen überleben und pflanzen sich fort, auch wenn sie keine Widerstandskräfte gegen die Toxine besitzen. Ganz anders verhält es sich, wenn ein Bauer sein ganzes Feld, womöglich mehrmals im Jahr, mit Bt besprüht – oder gar gentechnisch manipulierte Kultursorten auf den Acker pflanzt, die selbst mit jeder Faser Bt produzieren. Dann sind die meisten oder alle auf den Feldfrüchten fressenden Raupen dem Gift ausgesetzt. Nur diejenigen können überleben, deren zufällig mutierte Erbanlagen sie unempfindlich gegen Bt-Toxine gemacht haben. So entsteht ein immens starker Selektionsdruck, der widerstandsfähige Raupen gegenüber ihren anfälligen Artgenossen begünstigt. Das erklärt, warum zahlreiche einst Bt-anfällige Insektenarten in wenigen Jahren resistent gegen das »Biopestizid« geworden sind.

Wie kann man dem Teufelskreis der Resistenzbildung in Medizin und Landwirtschaft entrinnen? Für Patienten gilt der Rat, Antibiotika oder andere gegen Mikroben gerichtete Wirkstoffe nur dann einzunehmen, wenn sie unbedingt notwendig sind – dann aber von Anfang an hoch dosiert und über einen genügend langen Zeitraum hinweg. Im Ackerbau dagegen ist die entgegengesetzte Strategie sinnvoll: Hier müssen – so paradox es klingt – weniger Pestizide in geringeren Dosen verwandt oder giftfreie »Inseln« inmitten großer pestizidbehandelter Flächen erhalten werden. Denn nur so sichert man einer genügend großen Zahl nichtresistenter Schädlinge das Überleben, die ihre (gewünschte) Anfälligkeit gegen das Pestizid auf nachfolgende Generationen weitergeben und so dafür sorgen, daß das Gift wirksam bleibt.

Das Wissen um die Mechanismen der Evolution läßt sich freilich nicht nur zum Schaden unerwünschter Tiere und Pflanzen einsetzen, sondern auch zum Schutz gefährdeter Arten. Weil immer mehr Spezies vom Aussterben bedroht sind, wollen Biologen möglichst viele von ihnen erhalten oder versuchen gar, bereits ausgerottete Tierarten »nachzuzüchten«. Dabei gilt es, die Vielfalt der ursprünglichen, natürlichen Merkmale einer Art zu bewahren sowie Inzucht zwischen nahe verwandten Tieren und künstliche Selektion bestimmter Körpermerkmale oder Verhaltensweisen zu vermeiden. Dies kann nur gelingen, wenn möglichst viele Tiere an einem wohlüberlegten Zuchtprogramm teilnehmen. Hier sind die Zoologischen Gärten gefordert, denn von vielen stark bedrohten Arten leben schon längst mehr Tiere im Zoo als in der freien Natur. Ein einzelner Zoo ist allerdings meist nicht in der Lage, eine genügend große Population einer Tierart zu halten. Daher haben sich 250 Zoos aus allen Ländern Europas zusammengeschlossen, um ihre Tiere zur Paarung auszutauschen. Auf diesem Weg wird versucht, den Kleinen Panda, den Europäischen Fischotter, den Kongopfau und mehrere hundert weitere Arten zu erhalten. Wisent, Weiße Oryxantilope oder Przewalskipferd – eine Unterart des Urwildpferdes, von dem die Hauspferde abstammen – waren oder sind in der Natur bereits völlig verschwunden. Heute wächst ihr Bestand in Tiergärten beständig an, und einige Herden leben bereits wieder in eingezäunten Arealen, ohne durch menschliche Eingriffe unterstützt oder gestört zu werden.

Um sinnvolle Artenschutzprogramme auszuarbeiten, tauschen Zoologische Gärten aus aller Welt Daten und Tiere aus. Über jede Spezies führt ein Experte Buch: Wie viele Männchen, Weibchen und Jungtiere in welchem Zoo leben, wie alt sie sind, welche genetischen Besonderheiten sie besitzen und ob die Eltern in freier Wildbahn oder im Tiergarten geboren sind. Durch streng kontrollierte Zuchtprogramme soll sichergestellt werden, daß die Tiere auch noch in ein paar hundert Jahren in der Wildnis lebensfähig sind – falls es eine solche dann überhaupt noch gibt. Bei Schwarzfußiltis und Goldgelbem Löwenäffchen hat sich die Mühe gelohnt: Im Zoo aufgewachsene Tiere wurden erfolgreich in die Natur entlassen. Auch der Kalifornische Kondor segelt wieder über seiner Heimat – Ergebnis eines Zuchtprogramms, das bis heute mehr als 25 Millionen Dollar gekostet hat. Was im konkreten Einzelfall als teurer Luxus erscheinen mag, ist im Prinzip von unschätzbarem Wert für den Menschen: der Erhalt der biologischen Vielfalt, die durch jede einzelne Art bereichert wird. Tiere und Pflanzen, Pilze und Mikroben sind unsere Lebensgrundlage; sie liefern uns Nahrung, Rohstoffe und Medikamente. Alle Haustiere und Kulturpflanzen entstammen wildwachsenden Vorformen: Durch »künstliche Zuchtwahl« hat der Mensch die Mechanismen der Evolution in seine Dienste gestellt.

Das »Prinzip Evolution« machen sich nicht nur Tier- und Pflanzenzüchter zunutze, sondern auch Experten aus Wirtschaft und Industrie. Dahinter steckt folgende Überlegung: Wenn durch die Mechanismen der Evolution – vor allem durch Mutation und Selektion – gut oder gar optimal angepaßte Lebewesen entstehen, dann sollten sich mit Hilfe dieser Mechanismen auch für technische oder wirtschaftliche Probleme gute oder optimale Lösungen finden lassen. Über ein technisches Optimierungsproblem zerbrach sich Anfang der siebziger Jahre der Berliner Ingenieur Ingo Rechenberg den Kopf: Er suchte nach einer günstigen Form für die Überschalldüse einer Raumfähre – eine schwierige Aufgabe, der selbst mit komplizierten Rechenmodellen nicht beizukommen war. Statt sich weiter mit Formeln abzuplagen, hielt sich Rechenberg an das Motto »Probieren geht über Studieren«. Er steckte 330 Ringe mit jeweils unterschiedlichem Querschnitt zu einer Düse zusammen und tauschte dann wahllos einzelne Ringe aus, um so die Düsenform zu variieren. Dann wählte er die Formen aus, die mit besonders hohem Wirkungsgrad den Heizkessel eines Kraftwerks befeuern konnten. Im nächsten Schritt wurden diese »Bestformen« so lange verändert – wieder durch planloses Austauschen einzelner Ringe – bis ein noch besseres Modell gefunden war und so fort. Rechenberg behandelte seine Düsen wie die Evolution ihre Lebewesen: Dabei entsprachen die Metallringe den Genen und die aus ihnen geformte Düse dem Erscheinungsbild (dem »Phänotyp«). Durch »Mutationen« konnten einzelne Ringe (»Gene«) verschwinden oder ihren Querschnitt verändern. Dadurch erhielt die Düse eine neue Form, die dann entsprechend ihrer Tauglichkeit ausgewählt oder verworfen wurde. Mit Hilfe dieser »Evolutionsstrategie« gelang es dem Ingenieur, unter einer unvorstellbar großen Zahl von Möglichkeiten – die Kombination der Ringe ließ zehn hoch sechzig verschiedene Formen zu – eine Überschalldüse zu finden, die mit einem Wirkungsgrad von achtzig Prozent alle rechnerisch ermittelten Modelle (mit Wirkungsgraden von maximal 55 Prozent) weit übertraf. Nebenbei sorgte das nach Evolutionsprinzipien entstandene Erfolgsmodell für eine Überraschung unter den Ingenieuren: Es besaß vier statt der damals üblichen einen Einschnürung im Rohrdurchschnitt – eine Form, die sich wohl auch der innovativste Konstrukteur nicht hätte einfallen lassen.

Evolutionsstrategien werden heute zur Lösung verschiedenster Aufgaben eingesetzt, denen Optimierungsprobleme zugrunde liegen. Beispiel Bewegungssteuerung: Ein Roboter soll seinen Arm in einem mit Hindernissen verstellten Raum so bewegen, daß er ein Ziel ohne anzustoßen erreicht – und zwar in möglichst kurzer Zeit. Während mit herkömmlichen Verfahren gesteuerte Roboter für diese Aufgabe etwa eine Minute benötigen, reduziert sich diese Zeit auf nur eine halbe bis drei Sekunden, wenn der Steuerung eine spezielle Form von Evolutionsstrategie – ein »genetischer Algorithmus« – zugrunde liegt. Weitere Einsatzgebiete für Evolutionsstrategien bieten sich für Fragen, denen man nicht sofort ansieht, wie kompliziert ihre Beantwortung ist, etwa in der Automobilbranche: In einer Fertigungshalle für Motoren müssen die Werkstücke nacheinander von verschiedenen Maschinen bearbeitet werden. Je nach Motorvariante werden andere Einzelteile eingefügt, so daß es zu Stau- und Vorlaufzeiten kommt. Einige dieser Einzelteile kommen von Zulieferbetrieben, andere müssen aus dem Lager geholt werden. Wechselnde Arbeitszeiten durch Schichtbetrieb, Pausen und Feiertage sowie unvermeidliche technische Störungen erschweren es weiter, das Fließband möglichst schnell laufen zu lassen und dabei so dicht wie möglich zu bepacken – ein Fall für evolutionäre Optimierungsstrategien. Oder ein anderes Beispiel, der Gütertransport: Eine Spedition muß täglich eine Vielzahl von Paketen von einem Ort zum anderen befördern. Wie sollen die Pakete auf eine begrenzte Zahl von Lastwagen aufgeteilt werden, damit die Fahrstrecke insgesamt möglichst kurz ist?

Ähnliche Logistik-Probleme stellen sich in einer Rehabilitationsklinik: Wo mehrere hundert Patienten Tag für Tag Moorbäder, Heilmassagen, Kneippgüsse, Gymnastik und diverse medizinische Untersuchungen erhalten, müssen Räume und Hilfsmittel, Ärzte, Pfleger und Therapeuten so eingeteilt werden, daß weder Engpässe noch Leerlaufzeiten entstehen.

Die Aufgabengebiete für Evolutionsstrategien sind unerschöpflich: Entsprechend programmierte Computer steuern heute die Trinkwasserversorgung von Großstädten, erstellen Fahrpläne für öffentliche Verkehrsmittel, erforschen die Druckverteilung während einer Gasexplosion, untersuchen die Flugbahn von Raketen, konstruieren geräuscharme Ventilatoren und erdbebensichere Häuser, berechnen die Verteilung von Luftschadstoffen in Städten – die Beispiele ließen sich endlos fortsetzen. Evolutionsstrategien sparen sehr viel Zeit und Geld, wenn es darum geht, technische Optimierungsprobleme zu lösen. Von rein wissenschaftlichem Interesse – wohl ergänzt durch den Spaß am Spielen – ist eine andere Form von »Evolution im Computer«, von ihrem Erfinder Christopher Langton »Artificial Life« (Künstliches Leben) genannt. Mitte der achtziger Jahre begann der Biologe vom Institut für Nichtlineare Systeme im kalifornischen Los Alamos, Kunstwesen auf dem Bildschirm zu schaffen, die sich wie Lebewesen in der Natur verhalten. Sie wetteifern um Rohstoffe, sind Mutationen ausgesetzt und erzeugen Nachkommen, denen sie ihre Eigenschaften vererben. Digitale Würmer und Bakterien, Ameisen und Fische entwickeln binnen Stunden mit blitzschnellen Rechenschritten komplexe »Ökosysteme«, in denen sogar elektronische Parasiten ihren Platz finden. Moderne Artificial-Life-Forscher basteln an einer neuen Generation von Computerprogrammen, die sich nach dem Vorbild der natürlichen Evolution selbst verbessern. Ob uns die Beschäftigung mit der künstlichen Welt das Geheimnis des Lebens näherbringt, ist zweifelhaft. Charles Darwin, der mehr zum Verständnis der natürlichen Evolution beigetragen hat als alle Biologen vor und nach ihm, schrieb 1860 in einem Brief an den Naturforscher Asa Gray: »Ich bin zutiefst davon überzeugt, daß das ganze Thema zu tiefgründig ist für den menschlichen Intellekt. Ebensogut könnte sich ein Hund über Newtons Werk den Kopf zerbrechen.«

Glossar

Adaptive Radiation
Das Hervorgehen zahlreicher Arten aus einer gemeinsamen Stammart, nachdem diese in eine neue Umwelt gelangte. Weil die Neuankömmlinge mit vielfältigen Möglichkeiten und Problemen konfrontiert sind, entwickeln sich statt einer Art viele unterschiedliche Arten mit speziellen Anpassungen. Ein bekanntes Beispiel sind die 13 verschiedenen Finken auf den Galápagos-Inseln, die alle von einer südamerikanischen Art abstammen.

Allel
Eine von mehreren möglichen Zustandsformen eines Gens. Jeder Mensch – sowie zahlreiche andere, aber nicht alle Organismenarten – besitzt in seinen Körperzellen von jedem Gen zwei Kopien. Eine stammt von der Mutter, die andere vom Vater. Diese Kopien können gleich oder geringfügig unterschiedlich sein und werden Allele genannt. Sind beide Allele eines Gens gleich, ist die Person für dieses Gen reinerbig (homozygot). Sind die Allele eines Gens unterschiedlich, ist die Person für dieses Gen mischerbig (heterozygot).

Allopatrische Artbildung
Siehe Artbildung.

Altruismus
»Selbstloses« Verhalten eines Tieres, das einem Artgenossen oder einem anderen Individuum nutzt, während es für den Handelnden – den Altruisten – riskant oder nachteilig ist. Revanchiert sich der Nutznießer bei Gelegenheit, so spricht man von reziprokem Altruismus.

Anpassung

Änderung von Form, Physiologie oder Verhalten einer Art im Laufe der Evolution, die es ihren Mitgliedern erlaubt, ihr Leben möglichst effizient zu meistern, sich fortzupflanzen und so ihre Gene zu verbreiten. Die durch diesen Prozeß der Anpassung entstandenen Formen, Eigenschaften oder Verhaltensweisen werden ebenfalls als Anpassungen bezeichnet.

Art

Gemeinschaft von Individuen, die miteinander fruchtbare Nachkommen zeugen können. Dieser sogenannte biologische Artbegriff ist der gebräuchlichste von mehreren Art-Definitionen. Allerdings läßt er sich auf eine Reihe von Lebewesen nicht anwenden, etwa auf ausgestorbene Formen oder auf Bakterien und andere Organismen, die sich ungeschlechtlich fortpflanzen. Angehörige solcher Gruppen werden anhand von Abweichungen in Körperbau, Stoffwechsel oder Verhalten unterschiedlichen Arten zugeordnet.

Artbildung

Die Entstehung neuer Arten. Man unterscheidet im wesentlichen allopatrische und sympatrische Artbildung. Entstehen neue Arten aus einer Ausgangsart, nachdem diese in zwei oder mehr räumlich getrennte Teilgruppen (Populationen) zerfallen ist, so spricht man von allopatrischer Artbildung. Sympatrisch heißt eine Artaufspaltung, wenn sie ohne räumliche Trennung vor sich geht.

Atavismus

Körperliches oder sonstiges Merkmal eines Individuums, das normalerweise nur bei Mitgliedern stammesgeschichtlich älterer (Ahnen-)Arten vorkommt. Ein Beispiel für derartige »Überbleibsel« sind bei manchen Menschen vorkommende Halsfisteln, die Reste von Kiemen darstellen.

Bastardierung (= Hybridisierung)
Paarung (Kreuzung) zwischen Individuen verschiedener Rassen
oder Arten, aus denen mehr oder weniger fruchtbare Nachkommen
(Bastarde = Hybride) hervorgehen können.

Bindeglied
Organismus, der Merkmale von stammesgeschichtlich älteren und
jüngeren Lebewesen in sich vereint. Berühmtestes Beispiel ist der
versteinert erhaltene *Archaeopteryx*, der sowohl Vogel- als auch
Echsenmerkmale aufweist. Von »missing links« sprechen Biologen,
wenn zwischen sehr unterschiedlichen Organismengruppen bisher
keine Bindeglieder bekannt geworden sind.

Chemische Evolution
Die Entstehung organischer Substanzen und deren Zusammenla-
gerung zu vermehrungsfähigen Einheiten, die die Grundlage lebender Zellen sind. Über den genauen Hergang dieses grundlegenden Prozesses gibt es keine gesicherten Erkenntnisse, sondern nur
Spekulationen.

Dominant
Ein Merkmal oder Allel, das sich gegenüber einem anderen Merkmal durchsetzt. Das unterlegene Merkmal heißt rezessiv.

Endosymbiontentheorie
Eine gut belegte Hypothese über den Ursprung der kernhaltigen
Zellen aller höheren Lebewesen (Eukaryonten), derzufolge größere
Prokaryonten und in ihrem Inneren lebenden kleineren Prokaryon-
ten untrennbar verschmolzen.

Eukaryo(n)ten
Organismen mit Zellen, deren Kern und weitere Bestandteile (Organellen) von Membranen umschlossen sind. Alle Protisten, Pflanzen, Pilze und Tiere sind Eukaryonten.

Fitness
Fähigkeit eines Individuums, sich im Leben behaupten und fortpflanzen zu können. Die relative Fitness bezeichnet die Anzahl an Nachkommen oder Genen, die ein Organismus im Vergleich zu anderen an nachfolgende Generationen weitergibt.

Genetische Drift
Zufällige Verschiebung von Genhäufigkeiten in einer Population – ein Prozeß, der vor allem in kleinen Populationen eine Rolle spielt.

Genfluß
Austausch von Allelen zwischen Populationen einer Art.

Genotyp
Gesamtheit aller Erbanlagen (Gene) eines Organismus.

Gradualismus
Theorie, derzufolge die Mikro- und Makroevolution durch die Anhäufung kleiner, kontinuierlich stattfindender Veränderungen (Mutationen) zustande kommt.

Heterozygot (= mischerbig)
Siehe Allel.

Homozygot (= reinerbig)
Siehe Allel.

Hybridisierung, Hybride
Siehe Bastardierung.

Koevolution
Gegenseitige Beeinflussung der Evolution zweier oder mehrerer Arten, die miteinander in Wechselbeziehung stehen und ihre Anpassungen aufeinander abstimmen.

Mikroevolution
Die Veränderung der genetischen Ausstattung einer Population oder Art im Laufe einiger Generationen.

Missing link (= fehlendes Bindeglied)
Siehe Bindeglied.

Makroevolution
Evolutionärer Wandel im großen Maßstab, beispielsweise die Entstehung neuer Baupläne, adaptive Radiationen oder Massenaussterben.

Massenaussterben
Verschwinden einer Vielzahl von Arten oder größerer Gruppen verwandter Arten; siehe auch Seite 84.

Merkmalsverschiebung
Siehe Konkurrenz, Seite 91.

Molekulare Uhr
Siehe Seite 71.

Mutation
Plötzliche, zufällige Veränderung des Erbguts; siehe auch Seite 55.

Neutralismus
Sicht des Evolutionsgeschehens, die sogenannten neutralen Mutationen eine bedeutende Rolle beimißt, welche nicht sofort nach ihrer Entstehung der natürlichen Auslese (Selektion) unterworfen sind.

Phänotyp
Äußeres Erscheinungsbild eines Organismus. Demselben Phänotyp können verschiedene Genotypen zugrunde liegen.

Phylogenese
Evolutionsgeschichte einer Art oder einer Gruppe verwandter Arten.

Population
Mitglieder einer Art, die zur selben Zeit in einem bestimmten Gebiet leben.

Prokaryo(n)ten
Organismen, deren Zellen – anders als die Zellen der Eukaryonten – keinen Kern oder andere membran-umschlossene Bestandteile (Organellen) enthalten. Alle Bakterien und Archaebakterien sind Prokaryonten.

Protisten
Einzellige Eukaryonten sowie mit diesen verwandte, relativ einfach gebaute vielzellige Formen.

Protobionten
Aus organischen Molekülen bestehende kugelförmige Gebilde, die man sich als Vorläufer der lebenden Zellen vorstellt.

Punktualismus
Theorie, derzufolge die Evolution abwechselnd Zeiten äußerst langsamer Veränderung und Phasen relativ schnellen Wandels durchläuft. Diese Vorstellung ist auch als Theorie der unterbrochenen Gleichgewichte bekannt.

Rasse (= Unterart)
Individuen oder Populationen einer Art, die ein bestimmtes Gebiet bewohnen und sich in einem oder mehreren Merkmalen von Populationen in anderen Gebieten unterscheiden. Angehörige verschiedener Rassen können miteinander fruchtbare Nachkommen zeugen.

Rekombination

Bildung neucr Genkombinationen, meist infolge der Vereinigung von männlichen und weiblichen Keimzellen.

Rezessiv

Ein Merkmal oder Allel, das in Gegenwart eines anderen Merkmals oder Allels nicht ausgeprägt wird. Das überlegene Merkmal heißt dominant.

Reziproker Altruismus

Siehe Altruismus.

Saltationismus

Theorie, derzufolge die Makroevolution durch plötzliche, sprunghafte Veränderungen zustande kommt, deren Mechanismen sich von denjenigen der Mikroevolution grundsätzlich unterscheiden sollen.

Selektion (= Auslese)

Nicht zufälliger, unterschiedlicher Überlebens- oder Fortpflanzungserfolg verschiedener Individuen einer Population, Art oder Artengruppe. Man unterscheidet künstliche Selektion = Zuchtwahl, die vom Menschen in der Tier- und Pflanzenzucht vorgenommen wird, sowie die natürliche Selektion und die sexuelle Selektion als eine Spezialform der natürlichen Selektion. Sexuelle Selektion zeigt sich darin, daß Individuen mit bestimmten Merkmalen vom anderen Geschlecht mit Vorliebe zur Paarung erwählt werden und somit einen höheren Fortpflanzungserfolg haben als ihre Geschlechtsgenossen.

Sex, sexuelle Fortpflanzung

Produktion von Nachkommen, deren Erbgut aus der Mischung und Neukombination (= Rekombination) der beiden elterlichen Keimzellen und deren genetischer Anlagen resultiert.

Spezies
Wissenschaftliche Bezeichnung für Art.

Speziation
Wissenschaftlicher Ausdruck für Artbildung.

Symbiose
Ökologische Beziehung zwischen eng zusammenlebenden Organismen verschiedener Arten, die allen Beteiligten (den Symbionten) zum Vorteil gereicht.

Sympatrische Artbildung
Siehe Artbildung.

Taxonom
Biologe, der sich mit der Klassifizierung von Pflanzen oder Tieren innerhalb eines Systems beschäftigt, das die Evolutionsgeschichte widerspiegeln soll.

Unterart
Siehe Rasse.

Unterbrochenes Gleichgewicht
Siehe Punktualismus.

Zwillingsarten
Nahverwandte Arten, die sich nicht oder nur schwer an äußeren Merkmalen unterscheiden lassen.

Weitere Literatur

›Die Entstehung der Arten‹, Charles Darwin, Wissenschaftliche Buchgesellschaft, Darmstadt 1992
Ein Nachdruck von Darwins Hauptwerk, in dem er seine Theorie der Evolution durch natürliche Auslese vorstellt und durch eine Fülle von Beispielen verständlich macht.

›Darwin‹, Adrian Desmond und James Moore, Liszt, München 1995
Eine anspruchsvolle Darwin-Biographie, sorgfältig recherchiert und zugleich spannend geschrieben.

›...und Darwin hat doch recht‹, Ernst Mayr, Piper, München 1994
Ernst Mayr, der wohl bedeutendste Evolutionsbiologe unseres Jahrhunderts, untersucht in diesem verständlich geschriebenen Buch, welche Angriffe auf Darwins Lehre berechtigt sind und welche nicht.

›Biologie‹, Neil A. Campbell, Spektrum Akademischer Verlag, Heidelberg 1997
Das aus dem Amerikanischen übersetzte Lehrbuch für Biologiestudenten gibt unter anderem einen Überblick über das gesamte Spektrum der Evolutionsforschung: von der Paläontologie über die Populationsbiologie bis zur Verhaltensforschung.

›Leben – Vom Ursprung zur Vielfalt‹, Lynn Margulis und Dorion Sagan, Spektrum Akademischer Verlag, 1997
Auf fast poetische Weise vermittelt der Wissenschaftspublizist Dorion Sagan das Fachwissen der renommierten Evolutionsbiologin Lynn Margulis, der Begründerin der Endosymbionten-Theorie.

Eine faszinierende Reise durch vier Milliarden Jahre Evolution, geschmackvoll bebildert – ein Genuß für bibliophile Leser!

›Bausteine der Evolution‹, Edition Archaea, Gelsenkirchen 1997
Zehn ausgewählte Beiträge deutscher Evolutionsbiologen über ihre Forschungsgebiete. Sie geben einen Einblick in die Bandbreite der aktuellen wissenschaftlichen Diskussion zum Evolutionsgeschehen.

›Der Schnabel des Finken – oder – Der kurze Atem der Evolution‹, Jonathan Weiner, Knaur, München 1994
Das Buch beschreibt in unterhaltsamem Stil Arbeitsweise, Fragestellungen und Forschungsergebnisse des amerikanischen Biologen-Ehepaars Rosemary und Peter Grant, das seit mehr als zwanzig Jahren die »Darwinfinken« auf Galápagos beobachtet.

›Der blinde Uhrmacher‹, Richard Dawkins, dtv, Neuausgabe, München 1997
Mit scharfsichtigen Argumenten und anschaulichen Beispielen will der bekannte Biologe Dawkins interessierten Laien die Mechanismen der Evolution nahebringen.

›Wendezeiten des Lebens‹, Niles Eldredge und Stephen Jay Gould, Insel, Frankfurt 1997
Zwei angesehene Experten berichten in gut lesbarem Stil von den zahlreichen Massenaussterben vergangener Zeiten und diskutieren mögliche Ursachen und Folgen für das heutige Leben auf der Erde.

›Spielpläne – Zufall, Chaos und die Strategien der Evolution‹, Karl Sigmund, Hoffmann und Campe, Hamburg 1995
Geistreich und witzig führt der Wiener Mathematiker Karl Sigmund anhand neuer Erkenntnisse aus Spieltheorie, Artificial-Life-Forschung und Computerwissenschaft die verspielte Natur der Evolution vor.

›Puzzle Menschwerdung – Auf der Spur der menschlichen Evolution‹, Ian Tattersall, Spektrum Akademischer Verlag, Heidelberg 1997

Der versierte Paläoanthropologe Tattersall dokumentiert in diesem Buch die verschlungene Geschichte seines Fachgebietes und berücksichtigt auch die neuesten Erkenntnisse über die Herkunft des Menschen.

Zum gleichen Thema: ›Das Rätsel der Menschwerdung‹, Josef H. Reichholf, dtv, Neuausgabe, München 1997.

Register

Affe 21, 27
AIDS 118
Allele 47 f., 58
Allopatrie 45
Altruismus 95
Anaximander von Milet 18
Anpassung 43, 72, 82, 86 f., 89
Antidarwinisten 105
Archaebakterien 79
Archaeopteryx 25, 66, 68
Aristoteles 18
Art 21
Artaufspaltung 43
Artbegriff, biologischer 37
Artbildung 45
Artenvielfalt 79 f., 86, 90
Artifical Life 125
Atavismen 27 f.
Auge 73
Auslese siehe Selektion
Aussterben 98, 121

Barriere 41, 43, 45, 79
Bastard 37
Beagle 9–13
Bebel 110
Bibel 105 ff.
Blutgruppe 51, 58
Bonnet, Charles 19
Büchner, Ludwig 111
Buffon, Georges Louis 21

Chloroplast 80
Christliches Dogma 16
Chromosomen 52, 55

Cro-Magnon-Mensch 103
Crossing-over 52

Darwin, Charles 9–17, 31, 38,
    48, 99, 125
Darwinfinken 44
Dawkins, Richard 95
Dinosaurier 66, 83 f.
DNS 47, 55, 77 f.
Drift, genetische 60

Eigennutz 96 f.
Eigenschaften, erworbene 23
Eiszeit 42
El Niño 34
Eldredge, Niles 70
Endosymbiontenhypothese 80
Engels, Friedrich 110
Erbfaktoren 47
Erbkrankheiten 60
Erbmerkmal, dominant 48 f.
Erbmerkmal, rezessiv 48 f., 60
Eugenik 108 f.
Eukaryonten 79 f.
Evolution 19
Evolutionsstrategie 123 f.

Familie 21
Federn 66
Fisher, Ronald 65
Fitness 62 ff.
FitzRoy, Robert 9, 14
Fossilien 25, 69 f., 81
Funktionswandel 67, 73
Futuyama, Douglas 114

Galápagos 13 f., 44, 91
Galápagosfinken 29–33
Galen 99
Galton, Francis 108 f.
Gang, aufrechter 104
Gattung 21
Gehring, Walter 74 f.
Gen, egoistisches 95
Genfluß 59
Gesamtfitness 94 f.
Gibbs, Lisle 35
Gleichgewicht, unterbrochenes 70
Goldschmidt, Richard 69
Gott 12, 16, 66, 105 f.
Gould, John 15
Gould, Stephen Jay 70
Gradualismus 70, 72
Grant, Peter und Rosemary 29
Gray, Asa 125

Haeckel, Ernst 99
Hamilton, William 94
Hardy-Weinberg-Gesetz 57, 61
Hitler, Adolf 109
Hominiden 100 f.
Homo erectus 101 f.
Homo habilis 101 f.
Homo sapiens 99–103
Huxley, Thomas Henry 24, 99
Hybride 37, 39
Hybridisierung 39
Hybridzonen 40

Individuum 50
Insekten, staatenbildende 94, 97
Inseln 44, 70
Inzucht 61, 121
Isolation 42 f.
Isolationsmechanismen 44

Kambrium 82
Känozoikum 83
Katastrophentheorie 10, 13
Kimura, Motoo 68
Kirche 22
Klasse 21
Koevolution 87, 119
Konkurrenz 90 f., 97
Konkurrenzausschluß 91
Konkurrenzvermeidung 88
Kooperation 90, 92 f., 95, 97
Kreationisten 105

Lamarck, Jean Baptiste de 22 f.
Lange, Friedrich Albert 110
Langton, Christopher 125
Lewontin, Richard 95 f.
Linné, Carl von 19 ff., 78
Lyell, Charles 11, 105

Maillet, Benoît de 19
Makromutation 69 f., 75
Malaria 60 f., 81, 118
Malthus, Thomas Richard 16, 108
Margulis, Lynn 80
Marx, Karl 110
Massenaussterben 84
Maupertuis, Pierre Louis de 46 f.
Mayr, Ernst 70
Medawar, Peter 116
Mendel, Gregor 47 f.
Menschenaffen 100 f., 103
Merkmalsverschiebung 91
Mesozoikum 83
Mischehen 39
Missing Link 69
Mitochondrien 80
Molekulare Uhr 71
Moneta 79
Monod, Jaques 107

Register

Mutation 53 ff., 68–75, 117, 123
Mutter-Eva-Theorie 102 f.

Nautilus 73 f.
Neandertaler 103
Neutralismus 68, 72
Nische, ökologische 91

Ontogenese 26
Ordnung 21
Organellen 80
Owen, Richard 14

Paläozoikum 83
Papst 106
Pest 59
Phylogenese 26
Platon 18
Pocken 59
Polyploidisierung 45
Population 39, 56
Populationsgenetik 50, 66
Präkambrium 83
Prokaryonten 79
Protisten 80 f., 85
Protobiont 77 f.
Punktualismus 70, 72

Quartär 83

Radiation, adaptive 45, 83
Rankenfüßer 38
Rasse 39, 41, 43, 110
Rassenkreis 41
Rechenberg, Ingo 123
Reich 21, 78
Rekombination 51 f.
Resistenz 117, 119
Rudimente 26
Runaway-Prozeß 65
Rushton, Philippe 111

Saltationismus 69
Schädlingsbekämpfung 119 f.
Schimpansen 100 f., 116
Schindewolf, Otto 69
Schöpfungsbericht 22
Schuppen 67
Schwesterpopulation 43
Selektion, natürliche 33, 57 f., 63, 72, 94
Selektion, sexuelle 33, 64
Selktionsdruck 120
Sichelzellanämie 60
Smith, John Maynard 53, 95 f.
Sozialdarwinismus 108 ff.
Soziobiologie 95, 112
Spencer, Herbert 108
Spieltheorie 95 f.
Stammbaum 19
Steuergen 75
Superspezies 41
Swammerdam, Jan 19
Sympatrie 45, 90 ff.

Tertiär 83

Ungeschlechtl. Vermehrung 53 f.
Urmenschen 100 f.
Ursuppe 77

Vererbungsregeln 48 f.
Verwandtenselektion 94

Wallace, Alfred Russel 17
Whittaker, Robert H. 79
Wilson, Edward O. 94

Xenotransplantationen 116

Zuchtprogramm 122
Zufall 57 f.
Zwillingsarten 38

Naturwissenschaftliche Einführungen im <u>dtv</u>

Herausgegeben von Olaf Benzinger

Das Innerste der
Dinge
Einführung in die
Atomphysik
Von Brigitte Röthlein
dtv 33032

Der blaue Planet
Einführung in die
Ökologie
Von Josef H. Reichholf
dtv 33033

Das Chaos und seine
Ordnung
Einführung in
komplexe Systeme
Von Stefan Greschik
dtv 33034

Der Klang der
Superstrings
Einführung in die Natur
der Elementarteilchen
Von Frank Grotelüschen
dtv 33035

Das Molekül des Lebens
Einführung in die
Genetik
Von Claudia Eberhard-
Metzger
dtv 33036

Die Grammatik der
Logik
Einführung in die
Mathematik
Von Wolfgang Blum
dtv 33037

Schrödingers Katze
Einführung in die
Quantenphysik
Von Brigitte Röthlein
dtv 33038

Von Nautilus und
Sapiens
Einführung in die
Evolutionstheorie
Von Monika Offenberger
dtv 33039

Auf der Spur der
Elemente
Einführung in die
Chemie
Von Uta Bilow
dtv 33040

$E = mc^2$
Einführung in die
Relativitätstheorie
Von Thomas Bührke
dtv 33041
(Juli 1999)

Vom Wissen und
Fühlen
Einführung in die
Erforschung des Gehirns
Von Jeanne Rubner
dtv 33042
(Juli 1999)

Schwarze Löcher und
Kometen
Einführung in die
Astronomie
Von Helmut Hornung
dtv 33043
(Juli 1999)

Biologie im dtv

William H. Calvin
**Die Symphonie des
Denkens**
Wie Bewußtsein entsteht
dtv 30467

William H. Calvin
**Der Strom, der
bergauf fließt**
Eine Reise durch
die Evolution
dtv 36077

Boris Cyrulnik
**Was hält mein Hund von
meinem Schrank?**
Zur Entstehung von Sinn
bei Mensch und Tier
dtv 30445

Adolf Faller
**Der Körper des
Menschen**
Einführung in Bau
und Funktion
dtv 3014

Karl Grammer
Signale der Liebe
Die biologischen Gesetze
der Partnerschaft
dtv 30498

Konrad Lorenz
**Er redete mit dem Vieh,
den Vögeln und den
Fischen**
dtv 30053

Josef H. Reichholf
**Der Tropische
Regenwald**
Die Ökobiologie des
artenreichsten Naturraums
der Erde
dtv 11262

Josef H. Reichholf
Der schöpferische Impuls
Eine neue Sicht der
Evolution
dtv 30423

Gertrud Scherf
Wörterbuch Biologie
dtv 32500

Günter Vogel
Hartmut Angermann
dtv-Atlas zur Biologie
Tafeln und Texte
In drei Bänden
dtv 3221/dtv 3222/dtv 3223
Kassettenausgabe
dtv 5937

dtv

Naturwissenschaft im dtv

John D. Barrow
**Warum die Welt
mathematisch ist**
dtv 30570

William H. Calvin
**Der Strom, der bergauf
fließt**
Eine Reise durch die
Chaos-Theorie
dtv 36077
**Die Symphonie des
Denkens**
dtv 30467
**Wie der Schamane den
Mond stahl**
Auf der Suche nach dem
Wissen der Steinzeit
dtv 33022

**Chaos, Quarks und
Schwarze Löcher**
Das ABC der neuen
Wissenschaften
Hrsg. von Ib Ravn
dtv 33011

Jack Cohen, Ian Stewart
Chaos und Antichaos
Ein Ausblick auf die
Wissenschaft des 21. Jhs.
dtv 33003

Richard E. Cytowic
**Farben hören, Töne
schmecken**
Die bizarre Welt der Sinne
dtv 30578

Antonio R. Damasio
Descartes' Irrtum
Fühlen, Denken und das
menschliche Gehirn
dtv 33029

Hoimar von Ditfurth
**Die Wirklichkeit des
Homo sapiens**
Naturwissenschaft und
menschliches Bewußtsein
dtv 33000
**Im Anfang war der
Wasserstoff**
dtv 33015

Hans Jörg Fahr
**Zeit und kosmische
Ordnung**
Die unendliche Geschichte
von Werden und
Wiederkehr
dtv 33013

Karl Grammer
Signale der Liebe
Die biologischen Gesetze
der Partnerschaft
dtv 33026

Jean Guitton, Grichka und
Igor Bogdanov
**Gott und die
Wissenschaft**
Auf dem Weg zum
Meta-Realismus
dtv 33027

Naturwissenschaft im <u>dtv</u>

Stephen Hart
Von der Sprache der Tiere
dtv 33012

Gerald Hühner
»Zwei mal zwei ist vier?«
Mutmaßungen über
Selbstverständliches
dtv 33004

Lawrence M. Krauss
**»Nehmen wir an, die Kuh
ist eine Kugel...«**
Nur keine Angst vor
Physik · dtv 33024

Philip Johnson-Laird
Der Computer im Kopf
Formen und Verfahren der
Erkenntnis · dtv 30499

Josef H. Reichholf
**Das Rätsel der
Menschwerdung**
Die Entstehung des
Menschen im Wechselspiel
mit der Natur · dtv 33006

Paul Scheipers
**Menschen, Mars und
Moleküle**
Ein naturwissenschaftli-
ches Kaleidoskop
dtv 33023

Ian Stewart
**Die Reise nach
Pentagonien**
16 mathematische Kurz-
geschichten · dtv 33014

Frederic Vester
**Denken, Lernen,
Vergessen**
Was geht in unserem Kopf
vor? · dtv 33045
Neuland des Denkens
Vom technokratischen
zum kybernetischen
Zeitalter · dtv 33001

Was treibt die Zeit?
Entwicklung und
Herrschaft der Zeit in
Wissenschaft, Technik
und Religion
Hrsg. von Kurt Weis
dtv 33021

What's what?
Naturwissenschaftliche
Plaudereien
Hrsg. von Don Glass
dtv 33025

Das neue What's what
Naturwissenschaftliche
Plaudereien
Hrsg. von Don Glass
dtv 33010

Berthold Wiedersich
Das Wetter
Entstehung, Entwicklung,
Vorhersage · dtv 30552

Fred Alan Wolf
Die Physik der Träume
Von den Traumpfaden der
Aboriginies bis ins Herz
der Materie · dtv 33005